世界を支配するアリの生存戦略

砂村栄力

文春新書

1466

世界を支配するアリの生存戦略◎目次

本書は書き下ろしです。

はじめに　変容するアリへの認識

読者の皆様は「アリ」に対してどのようなイメージを持っているだろうか？

子供の頃、アリとキリギリスの童話を読んで、アリは働き者という良いイメージを抱いた人が多いのではないだろうか。野外で巣穴に水をかけたり、木の枝を差し込んだり、歩いているアリをつぶしたりして遊んだ人も多いだろう。こうしていじめられるアリは弱く、けなげな存在だ。小学校の自由研究で、つかまえたアリ数匹をケースに入れて巣を作らせ、行動を観察するというのも人気で、アリは他の昆虫にない知的な社会行動をする印象だ。一方、アリが家の中に入ってきて食べ物にたかり、アリの巣コロリなどを使って駆除した経験が誰でも一度や二度はあるだろう。しかしそれはしょっちゅうではない。そのため、基本的にアリは無害なイメージだろう。今から5年、10年前であれば、このようにアリは好感度の高い虫であった。

しかしここ数年、日本の社会におけるアリの認識が変わってきている。インターネットの検索エンジンで「アリ　ニュース」と入力すると、従来のようにアリの興味深い生態についての話題は約半数で、残り半数は海外からやってくる「外来アリ」の侵入や被害に関するものが上位を占めるようになっている。特に話題となったのは2017年に神戸港で発見されたヒアリで、このアリは人を刺す「殺人アリ」のように報道され、その後も新たな侵入が見つかったとか、関係閣僚会議が開かれた、別の新たな外来アリの侵入が見つかった、といったニュースが続いた。2022年には大阪伊丹空港敷地内へのアルゼンチンアリの侵入と近隣住宅地における家屋侵入・電気製品被害も話題となった。

こうした情勢から、私たちのアリへのイメージは、善良なる働き者から恐るべき害虫へと変わってきている。アリとキリギリスの話で、餌を乞うキリギリスを門前払いするアリを冷たいな、と感じなかっただろうか。そう、アリは身内（巣の仲間）には優しいが、他の生物には冷酷無慈悲な生き物なのだ。そして外来アリは、働き者ではあるのだが、成功しすぎて大繁殖し、人間を含めた他の生物に対しこれでもかと容赦なく害をなす、困った働き者なのである。その外来アリが、ニュースで取り上げられているように、我々の生活のすぐそばに迫ってきている。

しかし、報道されるのは、どうしても導入的なことや表面的なことにとどまってしまう。外来アリの何がすごいのかというと、じつは毒針ではない。アシナガバチやスズメバチの方がもっと強大な毒針を持っているし、より猛毒の危険生物は他にもっといる。しかし、これら危険生物は個体数が少なく、私たちの生活の中で遭遇頻度が比較的低いので、通常はそこまで問題にならない。

外来アリのすごさは、普通のアリにはない社会性を進化させることによって得られた底なしの繁殖力にある。普通のアリは一つひとつの巣が独立したコロニーになっているのだが、外来アリは「スーパーコロニー」という無数の巣が相互に連携しあう巨大なコロニーを作り、超効率的な社会活動を行うのだ。また、外来アリは人工的な環境にもよく適応し、私たちの生活圏内に入り込んでくる。そしてその頂点を極めたといえるのが「アルゼンチンアリ」という種である。

アルゼンチンアリは名前から想像される通り南米原産のアリで、数百、数千キロメートル規模に及ぶ世界最大のスーパーコロニーを作る社会性昆虫として知られる。すでに世界五大陸に侵入しており、世界の侵略的外来種ワースト100に数えられるほどの問題となっている（Lowe et al. 2000）。外来アリの問題は日本ではようやく大きく報道されはじめるようになったところであるが、実はアルゼンチンアリはすでに日本にも侵入しており、2000年頃から一部地域で被害が顕在化して侵入地域の住民や行政機関、専門家を悩ませてきた。本種は毒針こそないものの、異常なまでの増殖力を持ち、帯状の行列で住宅まわりを包囲し、毎日のように屋内に侵入して食品に群がったり、寝ている人の体を這って安眠を妨害したり、電気製品に入り込んで不具合を起こしたりする。それはもう、被害地の住民がノイローゼになるぐらいに。

外来種は侵入後20年ほど経つと指数関数的に分布が拡大していくという報告があるが、今まさにアルゼンチンアリはこの時期を迎え、上記の伊丹空港周辺をはじめ次々と新たな生息地が見つかっている。また、ヒアリが亜熱帯寄りの気候を好むのに対し、アルゼンチンアリは地中海性、温帯性の気候を好むので、日本の多くの地域はアルゼンチンアリのどストライクゾーンなのだ。冷涼な北海道にも侵入事例があり、無関係ではない。そこで本書ではアルゼンチンアリを代表例としながら世界を席捲《せっけん》する外来アリの驚異的な生存戦略を解説する。

筆者は昆虫学者である。2005年に大学の学部4年生として研究室に配属されたとき、アルゼンチンアリを研究対象に選んだ。国内外でスーパーコロニーの研究を行い、詳しくは第3章で述べるが、人間活動によって世界を放浪する運命となりながらも各地に適応して何十世代もかけて巨大な社会を築き上げてきた歴史を知り、悪者外来種というより一つの生命として畏敬の念を覚えた。

しかし一方で、山口県岩国市にて防除法の研究も行い、現地の方々から大きなご期待と温かいご支援をいただいた。このことがきっかけで、自分の専門が誰かの役に立つ喜びを知り、2011年に博士号取得後、民間企業に就職して8年間、様々な生活害虫を対象に殺虫剤の研究開発に従事し、外来アリ関係では国のヒアリ対策にも貢献した。この間アルゼンチンアリへの興味は消えず、プライベートで生態調査のかわりに写真撮影を始め、その趣味が高じて大真面目に写真作家としての活動も行い、世界五大陸を旅して撮影したアルゼンチンアリの写真展を企画、開催していただいたりもした。

2019年からは森林総合研究所という研究機関に転職し、離島の樹上性外来アリ駆除剤を開発。この駆除剤が大変好評で、アルゼンチンアリへの展開のニーズを受けてアルゼンチンアリの学術研究に舞い戻ってきた。と思いきや2023年からは省庁に出向して行政施策の仕組みや社会問題への対応方法を学んでいる。世界を放浪するアルゼンチンアリのごとく転々としているが、アルゼンチンアリは筆者にとって生態、駆除の両面で関心が尽きず、産官学民どのような立場になっても半生をかけて追い続けてきた特別な存在である。

以上から、本書の構成はこうである。

まず、第1章ではヒアリ、アルゼンチンアリなど、代表的な外来アリをピックアップしてそれぞれの種の侵入状況や危険性について概要を紹介する。次に第2章では、アリが社会性を進化させて生態系の中で成功者となるに至った軌跡、さらに一部の種がスーパーコロニーやその他生態を進化させ侵略的外来種として世界を席捲するに至った軌跡を解説する。アリの社会性が進化した理由については、教科書に載っていない、近年最も支持されている学説を紹介する。そして第3章ではアルゼンチンアリが大陸を超えた地球規模の超巨大スーパーコロニーを築き上げ、日本に攻め込んできているという驚異の実態をお伝えする。続く第4章は、南米からヨーロッパ、北米、オーストラリアへ、アルゼンチンアリがこの超巨大社会を築くに至った歴史を追いながら、筆者が世界各地を旅して見てきたアルゼンチンアリの記録である。最後に、第5章では外来アリに対抗する方法を取り上げる。特に、最近の革新技術で自治体でも導入が始まった特効薬「ハイドロジェルベイト剤」や、殺虫剤メーカー出身の筆者のおすすめ薬剤といった踏み込んだ内容を盛り込み、難しいと言われる外来アリ防除に対しサステナブルな処方箋を提示している。

《引用文献》

Lowe S, Browne M, Boudjelas S, De Poorter M（2000）100 of the world, s worst invasive alien species. Aliens, 12: 1–12.

第1章　ＢＡＤな外来アリたち

深紅の衝撃、ヒアリ

ではさっそく、世界の侵略的外来種ワースト100や日本で特定外来生物に指定されている種の中から筋金入りのBADな外来アリたちを紹介しよう。まずは分かりやすいヒアリについて。

ヒアリは学名*Solenopsis invicta*（ソレノプシス・インビクタ）といい、ブラジルやアルゼンチンを含む南米を原産とするが、1930年代にアメリカ合衆国アラバマ州モービルに侵入し、その後同国南東部の州に広まった。本種は腹部末端に強力な毒針をもち、刺されると火傷をしたときのような鮮烈な痛みが走るため、fire ant（ファイアーアント：火蟻）と呼ばれている。体も炎を連想させる赤色をしている。開けた環境を好むため民家の庭や公園の広場、農耕地などにアリ塚（巣）を作るが、住民や農作業者がうっかりアリ塚をふんづけると下から大量のヒアリが湧き出てきて攻撃してくるという被害が顕在化した。

アメリカの故ジャスティン・O・シュミット博士は様々なハチ・アリに刺されたときの痛みを数値化する研究を行ったが（シュミット2018）、ヒアリの指数はレベル1〜4のうち1（低い方）とされている。筆者もヒアリに刺されたことがあるが、覚悟していれば

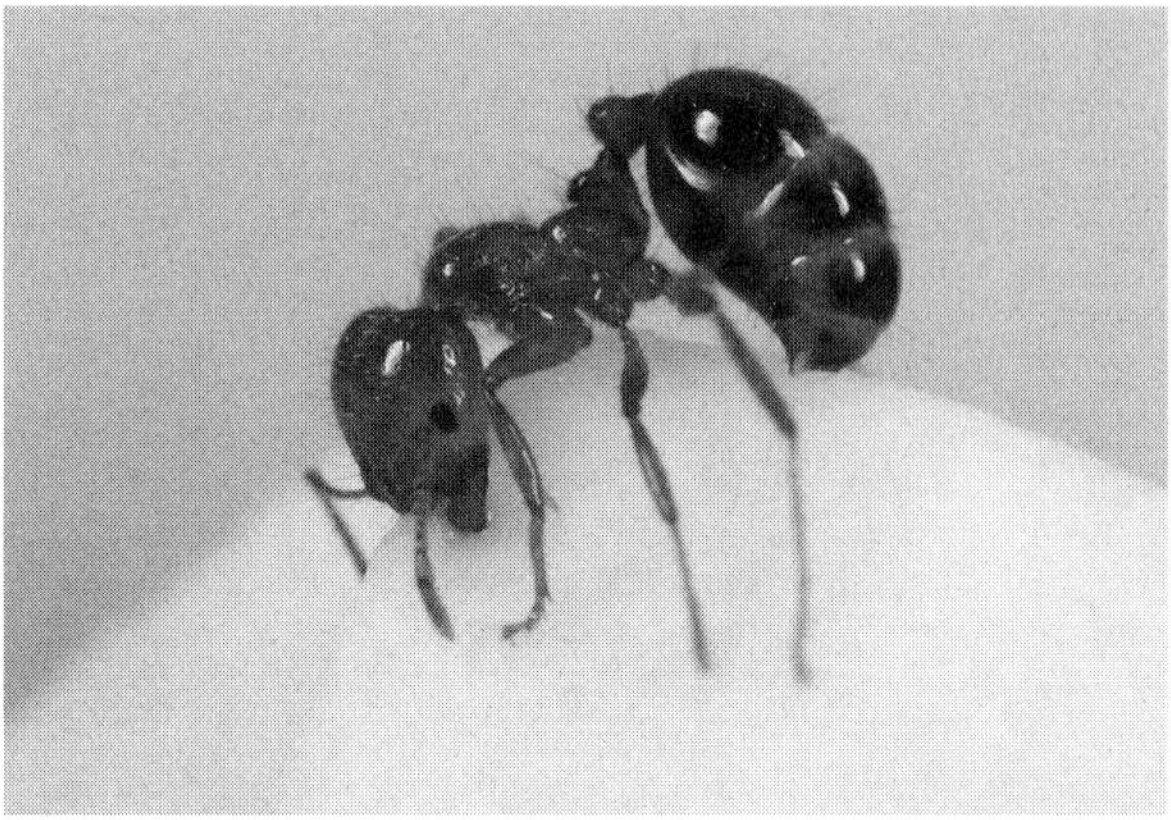

ヒアリ。ゴム手袋をした人の指を刺そうとしているところ。大顎で咬みついて体を固定してから腹部末端の毒針を振り下ろして刺す。体長2～6ミリメートルとさまざまなサイズの働きアリがいる。

思ったほどではない。ただし、毒成分に対しアレルギー反応を示す人もいるため、ハチに刺されたことがあったり、ヒアリに繰り返し刺されたりすると、アナフィラキシーショックで死亡する事例もあることから、注意が必要である。人だけでなく、ペットの犬猫や牧場の家畜にも刺咬《しこう》被害が生じ、目を刺して失明させることもある。また、小昆虫含め様々な生物を攻撃するので侵入地の生態系も攪乱する。

アメリカではヒアリを防除するため20世紀半ばにＤＤＴをはじめ各種薬剤が開発され使用されたが、残念ながら効果的に抑え込むことはできず、かえって使用した薬剤による環境へのダメージが深刻化し、これ

ヒアリのアリ塚。モグラの塚と勘違いしないように。

ら薬剤は使用禁止となった。かの有名なレイチェル・カーソンの『沈黙の春』（1962年出版）に書かれた環境被害にはヒアリ対策用の薬剤によって引き起こされたものも多く含まれる。

このような経緯もありヒアリは撲滅されず、被害や対策のため年間50億〜60億ドルという巨額のコストが生じている。問題はアメリカだけに留まらず、経済のグローバル化、アジアをはじめとする環太平洋諸国の経済発展に伴い2001年にはオーストラリア、ニュージーランド、2003年には台湾、2004年には中国でも確認され、2017年にはついに日本でも神戸港で小規模コロニーが発見された。

その後全国の港湾で生息調査が定期的に行われており、2017年から2023年度までの累計で18都道府県から111もの確認事例が出ている。

人への健康被害があるヒアリに対し、日本政府としてはこのような広域的な生息調査を行ったり、関係閣僚会議を開催したりするなど、それまでの外来アリ対策とはレベルの違う対応となっている。関係者の不断の努力もあり、これまで7年間、港湾の外への拡散を非常によく防げているが、今後の侵入リスクは去っていない状況にある。

また、ヒアリの近縁種にクロヒアリ、アカカミアリというのもいて、それぞれヒアリの体色が黒、橙になったような見た目をしている。これらの種も侵略的外来アリとなっている。

ミクロの雷、コカミアリ

コカミアリ、学名*Wasmannia auropunctata*は中南米原産のアリで、名前に「カミアリ」と付くが、前出のアカカミアリが属するトフシアリ属（*Solenopsis*）とは類縁関係にない。そのため体のフォルムはヒアリ類（トフシアリ属）とは異なり、とくに体長が働きアリで約1・5ミリメートルと、アリ類の中でもかなり小型の部類に入る。しかし、ヒアリ類と同様に強力な毒を持ち、刺咬被害が顕著なため、「小咬み蟻」というわけである。

世界各地の熱帯、亜熱帯地域、特に島嶼《とうしょ》に侵入し、島嶼では独自の生態系への影響が問題となっている。たとえばガラパゴス諸島では孵化《ふか》したばかりのガラパゴスゾウガメを毒針で襲うことが報告されている。また、樹上営巣性が強く、地面だけでなく樹上にも巣を作り活動するため、プランテーション農園で作業者を苦しめている。家屋周辺では、なぜか配電盤などの電気設備を好む性質があり、そこに営巣して故障させる。刺されるとシビレるような痛みがあることや、電気設備を好むことから、英語圏ではelectric ant（デンキアリ）と呼ばれることもある。こうした害につき試算された全世界の損失額は199億ドルに上るという。

東アジア地域では2021年に台湾、2022年に中国で定着が確認され、2023年には日本でも岡山県水島港と兵庫県神戸港で発見された。国内で発見された個体群は駆除の対応がなされたが、いよいよ今後の定着が危ぶまれる状況となった。非常に小さくて侵入しても初期段階で気づきにくいというのも本種の怖いポイントである。

無冠の帝王、アルゼンチンアリ

アルゼンチンアリ。

アルゼンチンアリは学名を*Linepithema humile*という。知り合いのアメリカ人研究者によると発音はリノプシーマ・ヒューミリ、ただし英語圏でも人によって発音が違うかもしれない。*humile*は「とるにたらない」という意味で、要は「しょぼいアリ」というかわいそうな名前がついたアリである。原産地はアルゼンチン、パラグアイ、ウルグアイ、ブラジルを含む南米で、現地にはハキリアリなどのように形態的にも生態的にもハデな特徴をもつアリが多くいるので、たしかにアルゼンチンアリにはぱっと目を引くような特徴はない。

具体的には、体長約2・5ミリメートル、体はやや細長くて茶色、毒針や目立ったトゲなどはなし。このように、命名した分類学者にとってはしょぼいアリだったかもしれない。が、なめたらいかんぜよ。南米の原産地ではメジャーな種の一つとして普通に多く見られるし、侵入地ではさらに爆発的な増殖力を示し、非常に活発に活動することで、恐るべき侵略者となっている。

アルゼンチンアリは約170年前の1850年頃から原産地の外に広がるようになった。1900年までにはヨーロッパ大陸、アメリカ大陸、アフリカ大陸、1940年頃にはオーストラリア大陸に上陸している。アジア大陸は最後に残っていたが、1993年に日本、2019年に韓国に侵入し、五大陸に生息を拡大した。

冨樫義博先生の大人気漫画『HUNTER×HUNTER』では暗黒大陸からやってきた外来アリ「キメラ=アント」が超強敵として登場するが、暗黒大陸に踏み込んだ人間は五大厄災を持ち帰ってきてしまったという。現実世界では、私たち人間が南米大陸からアルゼンチンアリを持ち運んできてしまったことにより、侵入地ではアルゼンチンアリが引き起こす三大厄災を被ることになってしまった。

後でより詳しく説明するが、一つめは人の生活環境への不快害虫的厄災である。屋内に入り込んで食べ物にたかったり、コカミアリと同様に電気機器に入り込んで不具合を起こしたりする。二つめは農作物への厄災である。直接作物を食害することもあれば、アブラ

アルゼンチンアリの被害例。在来のトビイロシワアリ（中央）に5匹のアルゼンチンアリが襲いかかり、脚や触角に咬みついて身動きをとれなくしている。

ムシ、カイガラムシを増殖させることによる間接的な農業被害もある。三つめは生態系への厄災である。在来アリと競合して打ち負かし排除するため、侵入地のアリ類の多様性を著しく低下させ、さらにはこれら在来アリとつながりのある他の動植物にも影響が波及して生態系を攪乱する。

アルゼンチンアリにはヒアリやコカミアリのような派手な刺咬被害はない。しかし、世界で最も分布を拡大しており、温帯域の経済国を席捲しているのはこのアルゼンチンアリである。そして、先に述べたように、世界で問題となっている外来アリの中で日本の気候風土に最も合い、今後広範囲で君臨し得るのもこのアリだ。そのため、本項でアルゼンチンアリを「無冠の帝王」と表した。

まだまだいる外来アリ

以上、まずは外来アリの代表例を3種挙げてきたが、他にも重要な外来アリは複数いる。一般論が遅れたが、そもそも外来種とは人間の活動にともなって本来分布しない地域に持ち込まれた生物のことである。ペットや園芸植物のように人間が利用目的でわざわざ持ち込む外来種もいるが、貨物などに紛れ込んで意図せず持ち込まれてしまう外来種もいる。外来アリは後者に該当し、たとえば園芸植物のポットの土の中に女王を含めたコロニーが潜んでいた、コンテナ内に巣ができていた、といった事例が知られている。外来種は、持ち込まれた先が生育に適した環境であれば、生き延びて繁殖し、その地に定着してしまうことがある。その結果として生態系や人間の活動に多大な害を及ぼす外来種を「侵略的外来種」と言う。

IUCN（国際自然保護連合）は2000年に「世界の侵略的外来種ワースト100」を発表しており、哺乳類、鳥類、爬虫類、両生類、魚類、甲殻類、昆虫類、貝類といった動物に加え、植物、菌類と多岐にわたる分類群の生物をリストアップしている。また、IUCNは2018年には侵略的外来種がSDGsの各目標達成の大きな障壁だと発表している（IUCN 2018）。

たとえば目標1「貧困をなくそう」、目標2「飢餓をゼロに」については、アフリカ大陸に侵入したツマジロクサヨトウ（南北アメリカ原産のガ）がトウモロコシの収量に大きな影響を与え、問題となっている。目標3「すべての人に健康と福祉を」については、デング熱やチクングニア熱といった感染症を媒介するヒトスジシマカのような衛生害虫の分布拡大が脅威となっている。目標8「働きがいも経済成長も」については南米原産の水草ホテイアオイが侵入・繁茂したことにより船舶航行や漁業が妨害される、用水路が詰まる、といった障害が世界各地で発生している。

日本でよく知られている侵略的外来種としては、たとえばアメリカザリガニは、1927年にアメリカ合衆国から神奈川県内の養殖場にウシガエルの餌として意図的に導入されたものが逸出して、国内各地の池や水田等の淡水域に広まった。本種は水草を片っ端から切断する習性があり、水草を産卵場所や隠れ家として利用していた生物に大きな影響を与える。また、水草がなくなることや、水草による水質浄化機能を損なわせ水が濁ることとなどから、人間が見ても明らかに景観が変わってしまうほど侵入した水系の生態系に影響を与える。

その他、毒蛇のハブの駆除を目的に南西諸島に導入されたが結果として当地の固有の哺乳類などを捕食して問題となっているマングースや、動物園や家庭から放たれたものが国内各地で定着し農作物に大きな経済的被害を与えているアライグマといった外来哺乳動物、食用や釣り対象魚として導入され国内各地の淡水域に広まり、在来の魚類、甲殻類などを捕食してしまっているオオクチバス、コクチバスといった外来魚も日本の代表的な侵略的外来種だ。

日本国内における侵略的外来種の被害を防止するため、2005年には外来生物法が施行され、上記の種を含めこれまで162種類が日本の生態系や人の健康、経済に害をなす恐れのある「特定外来生物」に指定された（2024年7月現在）。

注目すべきことに、世界の侵略的外来種ワースト100の中にアリ類がなんと5種も含まれている。その5種とは、すでに紹介したアルゼンチンアリ、ヒアリ、コカミアリと、アシナガキアリ、ツヤオオズアリである。

アシナガキアリは学名を*Anoplolepis gracilipes*（アノプロレピス・グラシリペス）といい、

人知れず世界各地へ広まったため原産地は不詳であるが、アジアかアフリカと言われている。脚が非常に長く黄色い体色をした大型のアリで、動きが非常に素早く、狂ったように動き回ることから英名はyellow crazy ant。熱帯・亜熱帯性の種で、侵入地の生態系への影響が顕著である。

たとえばインド洋に位置するクリスマス島ではクリスマスアカガニという固有のカニが生息しており、芽生えた植物を食べることで森林の下層植生を管理する役目を果たしてきたが、アシナガキアリがクリスマスアカガニを攻撃することでこの固有のカニが危機に瀕しているのみならず、カニがいなくなることで林床を鬱蒼《うっそう》とした藪へと変貌させてしまう。上述のアメリカザリガニのように、このアリは景観を変えてしまうほど生態系に強い影響を与えるのである。

ツヤオオズアリは学名を*Pheidole megacephala*（ファイドーリ・メガセファラ）といい、こちらもどこが原産かはっきりしないが、アフリカ（かアジア）と言われている。オオズアリの仲間（オオズアリ属*Pheidole*）はいわゆる普通の形態をした働きアリの他に頭が極端に大きい兵隊アリがいることから、ツヤオオズアリの英名はAfrican big-headed antという。

本種も世界各地の熱帯・亜熱帯に侵入し生態系に強い影響を与えている（日本では小笠

原諸島など)。世界の侵略的外来種ワースト100はできるだけ多くの分類群からピックアップする方針で選定されたもので、それにもかかわらずアリが5種も選ばれているということがアリ類の侵略性の高さを物語っている。経済のグローバル化が原動力となって二百数十種以上のアリが外来種となっており、ワースト100に掲載された以外にも高い侵略性をもつものが複数存在し、一部は本書でも追って取り上げる。

日本でとくに侵略的とされているアリにどのようなものがいるかというと、外来生物法で特定外来生物に指定されたものがまずは挙げられる。具体的には、ヒアリやアカミアリを含むトフシアリ属全種、コカミアリ、アルゼンチンアリ、ハヤトゲフシアリである。ハヤトゲフシアリは南欧周辺を原産地とするが、名古屋港、大阪港、博多港などで生息が確認され、在来アリを積極的に襲って捕食するという生態などから、高い侵略性が懸念され、特定外来生物に指定されたものである。

アルゼンチンアリの三大厄災

上に挙げた外来アリは、種によって若干の違いはあるものの、基本的には同様のメカニズムで生態系、農業経済、人間の生活の三つに害をもたらす(Holway et al. 2002)。そこで以下ではアルゼンチンアリを事例として外来アリの三大厄災を詳しく見ていこう。なお、ヒアリやコカミアリではプラスして上述のような健康被害があるということになる。

①生態系の攪乱

アルゼンチンアリは侵入地で様々な分類群の生物に直接的にも間接的にも負の影響を与えることが分かっている。特に顕著でよく知られているのは、多くの在来アリを駆逐してしまうことである。1匹1匹の力は必ずしも在来アリより強いわけではないが、繁殖力が高く個体数で圧倒する。個体数の違いは行列を歩く個体数を比べると一目瞭然で、在来アリが1列に並んでちょろちょろと行列するのに対し、アルゼンチンアリはぞろぞろと横に何匹も並んで帯状の行列を作る。餌をめぐって両者がかち合ったときの勝敗は明らかで、在来アリは特別な武器をもたない限り多数のアルゼンチンアリに囲まれて襲われ死亡するか、追い払われてしまう。アルゼンチンアリが在来アリの巣を見つけて襲撃し、巣を崩壊させることもある。このようにして、在来アリは餌や住処を奪われ、いなくなってしまう。

筆者が実際に2006年に神戸港で調査した事例を紹介しよう。この調査では、神戸港のうちアルゼンチンアリが侵入した場所15箇所と、近隣のまだ侵入していない場所20箇所

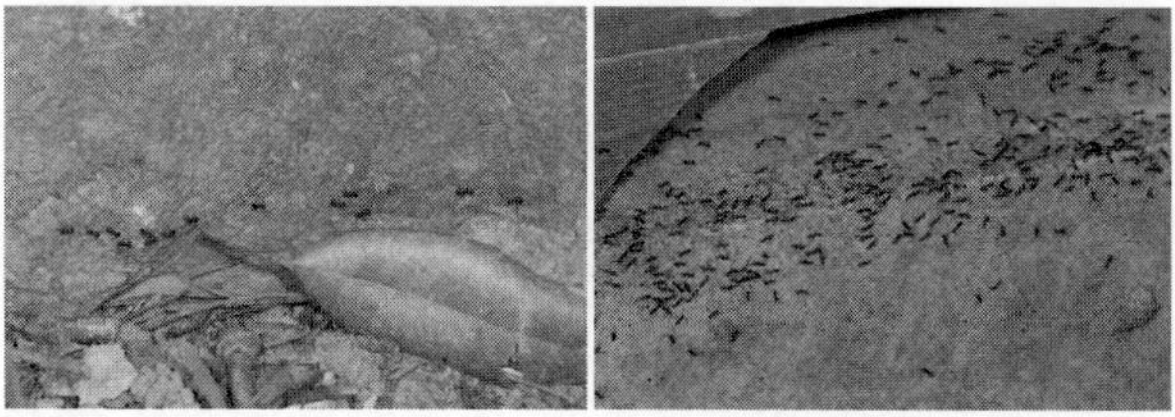

在来アリ（左）とアルゼンチンアリ（右）の行列の比較。個体数がまるで違う。

とで見られるアリ類を比較した。その結果、未侵入地では合計で12種類の在来アリと1種類のアルゼンチンアリではない外来アリが見つかり、1箇所あたり平均で3・0種類のアリがいた。ところが侵入地ではアルゼンチンアリ以外には2種類の在来アリしか見つからなかった。このことから、侵入地では在来アリの多くが駆逐されていなくなったことが示唆された。ちなみに、残っていた2種類のアリはアルゼンチンアリよりさらに小型の体長1・5ミリメートルほどのアリで、アルゼンチンアリが巣穴に入り込めないなどの理由で駆逐を免れたものと思われる。

　アルゼンチンアリがよく活動する地面や植物体上では、在来アリ類の他にも小型の昆虫をはじめとする様々な節足動物が捕食を受けるなどして個体数や種数を減らしている。

　在来アリ類やその他節足動物への直接的な被害は、生態系の中でそれら生物と関わっていた他の生物への間接的な被害へと波及し、アルゼンチンアリよりはるかに大型の脊椎動物が影響を受けることもある。たとえばカリフォルニア南部の沿岸地域に生息するツノトカゲの一種*Phrynosoma coronatum*はアリを主な餌としているが、アルゼンチンアリの侵入による在来アリの駆逐が一因となり多くの場所で姿を消している。アルゼンチンアリは駆逐された在来アリよりも1匹あたりの栄養価が顕著に低いことなどから、アルゼンチンアリを餌として成長することが難しいようである。同じくカリフォルニアに生息するトガリネズミの一種*Notiosorex crawfordi*も、アルゼンチンアリが節足動物を捕食することなどにより餌が減少し、数を減らしているようである。生態系に投じられた小さな外来アリが、大きな波紋を呼ぶのだ。

植物もアルゼンチンアリによって間接的な影響を受ける。植物の営みのうち影響を受けるポイントはいくつかあり、たとえば一つめとして受粉への影響が挙げられる。

植物の花には、ミツバチなどが花蜜を食べたり集めたりする際に雄しべから雌しべへと花粉を運んでもらって受粉する虫媒花が多く存在する。アルゼンチンアリは甘い汁が大好物なので、花蜜を見つけるとぞろぞろと行列を作って食べに行く。花蜜を食べる生物のうちアリは基本的に花粉の運び屋としての役目は果たさないので、アルゼンチンアリが花蜜を食べてしまうとそのぶんミツバチなど花粉の運び屋となる生物が食べるぶんがなくなっ

アルゼンチンアリが花蜜を吸っている花にハチがやってきたところ。この後ハチはすぐに追い払われた。アメリカ合衆国サンフランシスコの市街地にて。

てしまい、運び屋が来なくなって受粉率が低下してしまうおそれがある。受粉が成立しないと種子が結実せず、植物は次世代を残すことができなくなってしまう。

実際に、南アフリカの研究事例によると、アルゼンチンアリはミツバチが朝採餌活動を開始する前にアイアンバークの花蜜の42パーセントを先に食べてしまうという。また、アルゼンチンアリが花蜜を食べている最中にミツバチなどがやってくると攻撃して追い払うので、こうした排他的な行動によっても虫媒花の受粉が妨げられることになる。さらには、アルゼンチンアリが花粉媒介昆虫となるガを幼虫のうちに捕食し、花粉媒介昆虫自体を減らしてしまうことで植物の受粉を妨げることもある。

二つめに、植物の種子散布もアルゼンチンアリの影響を受ける場合がある。植物には「アリ散布植物」と呼ばれる種が少なからず存在し、これらは種子にエライオソームという脂質に富んだ付着物を持ち、アリを惹きつける（日本ではたとえばスミレはアリ散布植物）。アリは種子を巣に持ち帰り、エライオソームだけ食べると、種子本体を巣の一室か外のゴミ捨て場に廃棄する。種子本体は土中やゴミの中でネズミなどに食べられることなく安全に発芽する。このようにしてアリ散布植物はエライオソームをアリに与えるかわりに種子を安全なところへ運んでもらっており、アリ散布植物とアリとの間に共生関係が成り立っている。

ところが、アルゼンチンアリはエライオソーム付きの種子に興味を示し巣まで運んでいこうとはするものの、体のサイズが小さいため大きな種子を運ぶことができず、ごく短い距離だけ運んで途中で地上に放棄してしまう。そのため、アルゼンチンアリが在来アリを駆逐することの間接影響として、アリ散布植物は新天地を開拓することができなくなってしまう、種子が食べられてしまう、といった弊害を受ける。本書では第4章で南アフリカの事例を詳しく取り上げている。

三つめに、アルゼンチンアリはアブラムシやカイガラムシといった植物師管液《しかん》（植物の師管を流れる液で、光合成によって作られた糖分などの栄養を豊富に含む）を吸汁する害虫（カメムシ目の一部の昆虫：同翅類《どうし》という）を増やすことで植物の生育や健康に害を与える。これについては次の農業被害の項目で説明する。

②農業の被害

アリがアブラムシやカイガラムシと共生関係を結び、彼らがおしりから分泌する甘い汁（甘露《かんろ》という）を餌としてもらうかわりに天敵を追い払って守ることはよく知られている。アリが共生関係を結ぶ同翅類昆虫の種類は必ずしも明確に決まっているわけではなく、そのとき巣の近くにいあわせた同翅類昆虫と適宜パートナーシップを結んでいる。

アルゼンチンアリは甘露が大好きで、同翅類昆虫のもとに足繁く通って天敵からよく守るので、同翅類昆虫が大増殖する。大増殖した同翅類昆虫は、師管液の過剰消費による植物の衰弱や、虫こぶ形成による農作物の外観悪化、植物病原体の媒介などを引き起こし、農作物に害を与える。同翅類昆虫を増やすことによる間接的な被害から、アルゼンチンアリはアメリカやヨーロッパでは果樹園のカンキツ類やブドウの害虫としてよく知られている。

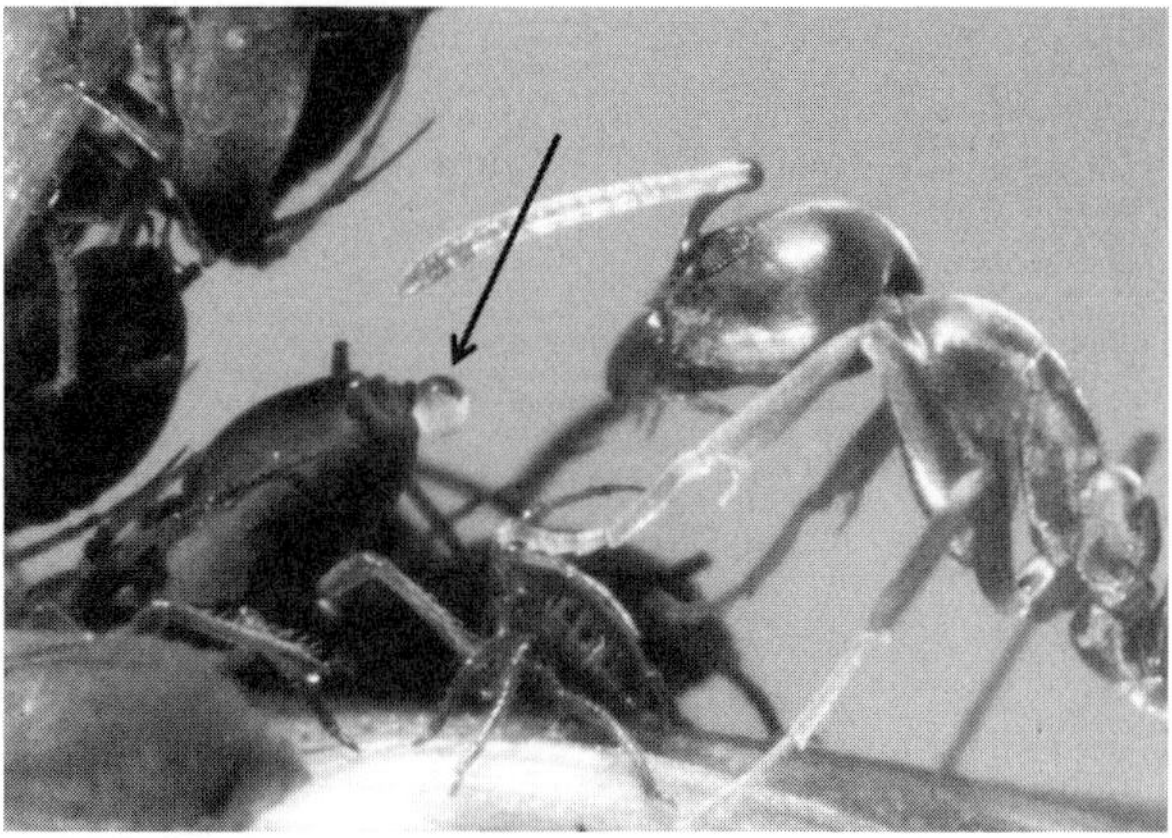

同翅類昆虫から甘露（矢印）をもらうアルゼンチンアリ。

アルゼンチンアリは直接的に農作物を加害することもある。日本ではまだ大きな農業産地への本格的な侵入は少なく、統計的なデータはないが、筆者が防除試験でお世話になった山口県岩国市では、畑や家庭菜園でマルチの下や土中に巣を作り、ニンジンやダイコンが小さいうちに傷をつけられて奇形になった事例などを見聞きしている。また、イチジクは熟れると果実先端が割れるため、収穫前にアルゼンチンアリが果実の中に侵入してしまう。自家製イチジクジャムをいただいた際、中にアルゼンチンアリの死骸が混入していたことがあった。筆者は平気であるが、商品化をする場合は細心の注意が必要になるだろう。

③生活環境における被害

生態系の攪乱や農業への被害も大きいが、人間の日々の生活にとってアルゼンチンアリの一番の問題は家屋侵入である。在来アリもごくたまに家屋侵入してはくるが、アルゼンチンアリはその頻度が半端ではない。生息密度が高いため屋内に入ってきた個体を一度駆除してもすぐまた侵入してくるし、家まわりの巣を集中的に駆除しても際限なく復活してくる。

家屋に侵入してくる目的はいくつかあり、一つは食べ物を得るためである。ちなみに日本では仏壇のお供え物がアルゼンチンアリの格好のターゲットになっており、黒山のアリだかりになったという話をたびたび耳にしてきた。また、営巣場所にするために家屋へ入り込んでくることもある。とくに冬場など、暖かさを求めてお風呂場にたくさんのアルゼンチンアリが侵入してきたという話をよく聞く。こうして屋内に侵入した際、人間やペットに咬みつく、ベッドに侵入して人の安眠を妨げる、といった問題も生じており、それがあまりに頻繁に起こるためノイローゼになりそうだと言う人もいる。

アルゼンチンアリの侵入を受けて100年以上の歴史をもつアメリカ合衆国では、侵入後早期の1913年の文献ですでに家屋害虫として猛威をふるっていた様子が記されており、侵入地に住む人の一部は家屋侵入による被害に耐えられず、未侵入地に引越しせざるをえない状況になった、侵入地の不動産価値が下落した、といった記述が残っている。アルゼンチンアリと人との闘いは当時からずっと続いており、今日アメリカ合衆国においてアリは最も重要な家屋害虫となっているが、中でもアルゼンチンアリは害虫駆除事業者によって施工された害虫防除案件の中でかなりの割合を占めている（たとえばカリフォルニア州サンディエゴでは85パーセント）。

《引用文献》

Holway DA, Lach L, Suarez AV, Tsutsui ND, Case TJ (2002) The causes and consequences of ant invasions. Annual Review of Ecology, Evolution, and Systematics, 33: 181–233.

IUCN (2018) Invasive alien species and sustainable development. IUCN issues brief. https://iucn.org/resources/issues-brief/invasive-alien-species-and-sustainable-development

ジャスティン・O・シュミット著、今西康子訳（２０１８）『蜂と蟻に刺されてみた――「痛さ」からわかった毒針昆虫のヒミツ』白揚社

第2章　社会性昆虫としてのアリ　その生態と進化史

アリやシロアリは社会性を進化させることで陸上生態系の中で確固たる地位を築いてきた。コロニーを作りメンバー同士で利他行動をする生態はどのような道筋で進化してきたのか。さらに、通常のアリのコロニーを超える外来アリのスーパーコロニーはどのように派生してきたのか。アリはハチの仲間でシロアリはゴキブリの仲間？　肝心なのは腰のくびれ？　高校生物の参考書に載っている4分の3仮説はもう古い？　草食系が肉食系を駆逐する？　そんなトピックスも紹介する。

そもそも社会性昆虫とは

「社会性」ないしは「社会的」と聞いてどのようなことを思い浮かべるだろうか？　私たち人間についていえば、社会の中で生きる、協調性がある、といったことではないだろうか。昆虫にはトンボやカマキリなどのように単独生活を送るものが多いが、中には集団生活をして、他者を利する「利他行動」によって仲間同士助け合いながら暮らすものもいる（アリが仲間に食べ物を分け与えるなど）。これらの昆虫は社会性昆虫と呼ばれる。ただ、人間における社会性と、昆虫における社会性とでは性質の異なる点も多い。

社会性昆虫は、作れる社会のレベルによっていくつかのクラス分けがなされている。とくに、アリのように高度な社会を発達させた社会性昆虫では繁殖をしない労働階級の個体（働きアリなど）が見られる点で私たち人間やその他動物の社会と大きな違いがあることから、「真」社会性と呼ばれる（注）。真社会性でない社会性昆虫には、労働階級の個体はいないが親が一定期間、自分の子を育てる亜社会性昆虫などがいる。親が一定期間子育てをするという意味では私たち人間に近いものがある。ということは、人間は亜社会性生物？とも考えられるが、社会性昆虫が血縁関係のある家族にしか利他行動をしないのに対し、人間は家族以外に対しても利他行動をする点でもっと複雑で、異なっている（例えば電車内で席をゆずってあげるとか）。以下、まずはアリやその他の昆虫たちがどんな社会を作るのか、どのようにそれを進化させてきたのか、詳しく見てみよう。

（注）真社会性は、専門的にはおよそ以下のように定義されている。
1. 世代の共存：世代の異なる個体が共存する
2. 共同育児：複数の成体が共同してその集団の子を育てる
3. 生殖分業：生殖階級と非生殖階級が見られる

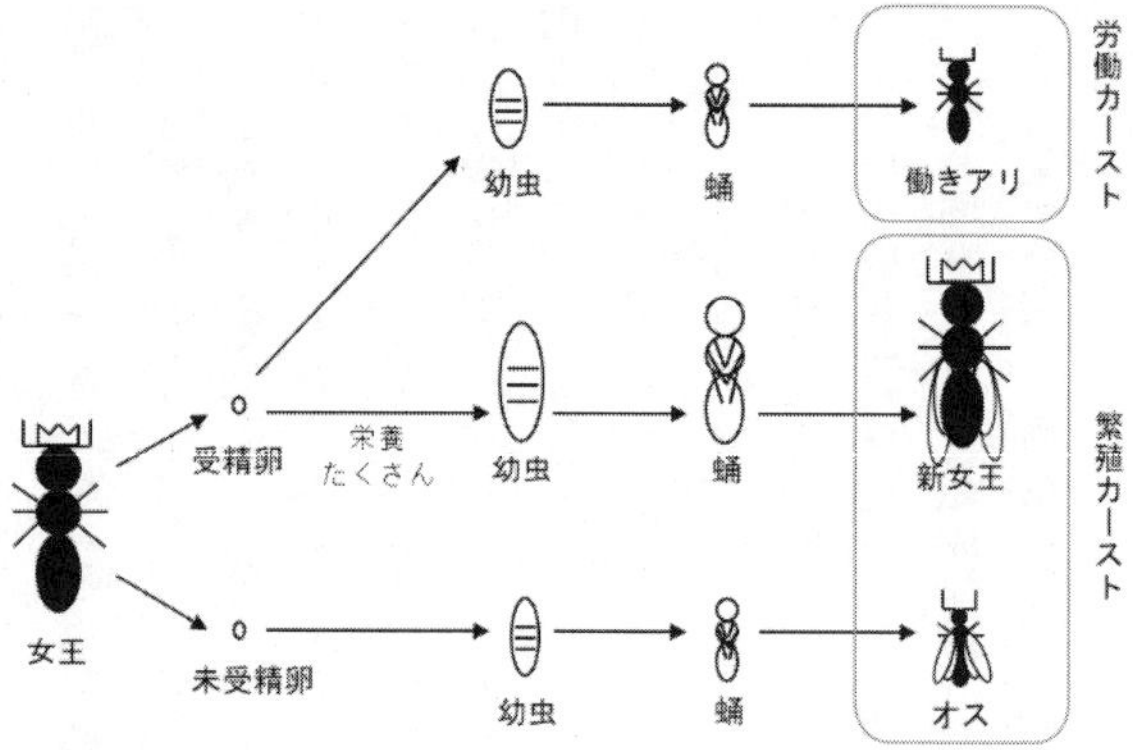

アリの成長とカースト分化。

アリの社会

現在地球上でみられるアリは全て真社会性である。ご存じのとおり、アリには女王アリがいて、女王アリは産卵に集中し、働きアリがその卵や孵化した幼虫を育てる。繁殖期には女王との交尾のためにオスアリが出現する。これらの個体が一つのコロニーとして巣の中で共同生活をする。

アリはチョウやカブトムシなどと同様に完全変態をする昆虫で、卵→幼虫→蛹《さなぎ》→成虫と成長する。成虫には3種類があり、女王アリになるか、働きアリになるか、オスアリになるのである。このうち、繁殖に専念する女王とオスを繁殖カースト（繁殖階級）、繁殖はせず労働に専念する働きアリを労働カースト（労働階級）という。

働きアリは全ての個体がメスである。アリの種類によっては、働きアリの一部として、兵隊アリといって体格や頭部が通常の働きアリよりも大きく、巣の防衛や大きな獲物の狩り、運搬に特化した階級をもつものもいる。アリの幼虫はイモムシ状で、脚を持たないので、働きアリの世話なしには生きていくことができない。なお、幼虫は働きアリにとっては妹（成虫になったら働きアリか女王になる）や弟（成虫になったらオスアリになる）にあたる。

働きアリは性別としてはメスだが、自ら子を産むことはできない。なぜ子を産めないかはアリの種類によって異なり、卵巣が消失してしまっている種類もいれば、卵巣はもっているが巣内にたちこめる女王のフェロモン物質によって発達を抑えられている種類もいる。働きアリが卵を産んでも他の働きアリのパトロールによって破壊されてしまうような種類もいる。

ハチの系統進化と社会

アリ社会の輪郭をよりクリアにするために、ここでハチ目に目を向けてみよう。ハチの仲間にも、アリと同様に真社会性のものがいる。というより、系統分類学的にはアリはハチの中の1グループで、ハチ目アリ科に位置づけられる（私たち人間はサル目ヒト科）。そのため、アリがどのように社会性を進化させてきたかを考えるには、ハチの進化にも目を向ける必要がある。この視点からは、ハチ目の昆虫のうち、アリ科を含めたいくつかのグループが進化の過程で真社会性を獲得した、というのが正確な表現になる。

地面で見かけるアリの姿を思い起こしてほしい。腰のあたりがくびれた形をしていると思う。この点で、スズメバチやアシナガバチと似ていないだろうか？ そう、アリは、翅を失ったハチなのである。働きアリは翅をもたないが、女王アリとオスアリは祖先であるハチの名残で翅をもち、交尾相手と出会うため、ないしは新天地で新しい巣を創設するために飛翔する。

ハチ目の昆虫のうち真社会性が見られるのは、スズメバチ科の一部（スズメバチやアシナガバチ）、アリ科全て、ハナバチ類の一部（ミツバチ、マルハナバチなど）である。ハチ目の進化をおおまかに説明すると、まず、腰がくびれていない寸胴《ずんどう》型のハバチやキバチの仲間が最も古くに現れた。これらの仲間は植物に寄生し、植物体内に産卵、生まれた幼虫は植物組織を食べて育つ。園芸のバラの茎に産卵して枯らしたり、葉を丸裸にしたりして大害虫となるチュウレンジバチはハバチの仲間だ。

そして進化は進み、植物ではなく他の昆虫に寄生するハチの仲間が現れた。さらに、腰が細くくびれて、腹部の可動域が飛躍的に広がったおかげで、腹部末端の産卵管を寄生する相手にすばやく刺し、卵を産みつけることができるようになった。アオムシに寄生するアオムシサムライコマユバチや、カミキリムシ幼虫に寄生するウマノオバチが有名だ。

その後、これら寄生バチの中から、産卵管が毒針に変化した有剣類というグループが派生してきた。毒で寄生相手を麻痺させることで、幼虫が食べやすい状態となる。初期の有剣類は寄生相手を見つけるとその場で刺して産卵するという寄生バチ的な繁殖方法をとっていたが（セイボウというグループなど）、ほどなくして、巣を作り、麻痺させた寄生相手を運び込んでから卵を産みつけ、生まれた幼虫が安全な巣内で餌を食べられるようにするグループが現れた。広い意味では獲物に寄生する生態に変わりないが、成虫が獲物を毒針で刺して狩る行動から、このグループは狩りバチと呼ばれる。

たとえばトックリバチはドロを使って家の壁や草木の枝葉に小さなとっくり型の巣を作り、狩ってきたイモムシなどを貯蔵して子の餌とする。勘違いしないでほしいのは、狩りバチの成虫は、狩った獲物を自分が食べるわけではないということである。あくまで、麻痺させ、新鮮なまま巣に持ち帰って子に与えるのが基本である。スズメバチも狩りバチの仲間で、スズメバチ上科というグループに含まれる。

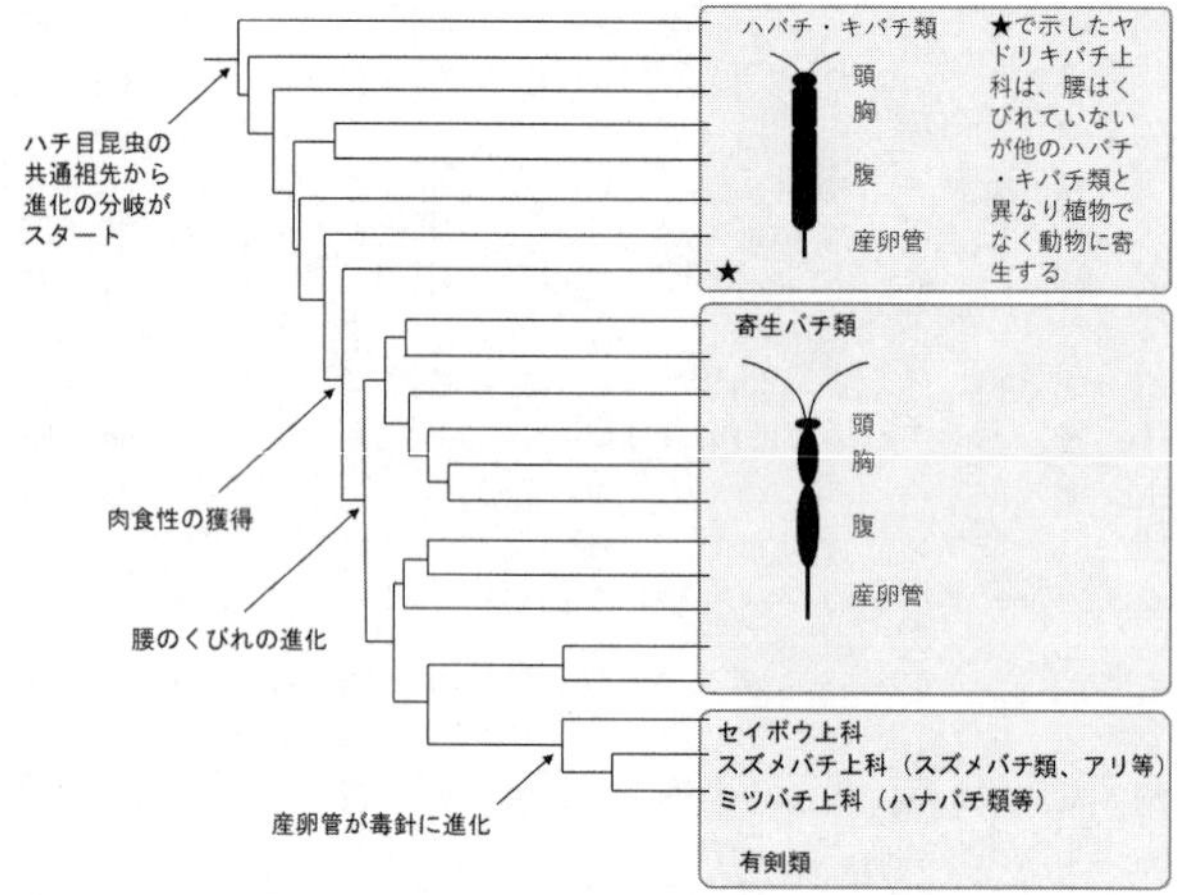

ハチ目の系統進化（Blaimer et al. 2023などをもとに作成）。

スズメバチやアシナガバチのように、スズメバチ上科には社会性をもったものが複数見られる。これらの種は女王バチが巣を創設し、繁殖能力のない働きバチを生産し、働きバチは自分の妹や弟にあたる幼虫の世話をする真社会性昆虫である。

そして、アリの仲間（アリ科）も、狩りバチの中に含まれる。日本の市街地で普通にみられる種類のアリは刺さないのでピンとこないかもしれないが、話題になったヒアリを思い出してほしい。ヒアリは毒針をもって人を刺す。この例に代表されるように、アリは本来的には毒針をもっている。また、進化の過程で派生してきたアリには、毒針を退化させ、かわりに毒、いわゆる「ギ酸」を腹部末端からスプレーのように噴射する能力を獲得したものがけっこういるのだ。

さて、植物に寄生するハバチなどの仲間から動物に寄生する狩りバチが進化したが、そこからさらに進化が進み、花粉を食べる植物食に逆戻りしたハナバチ類が出現した。たとえばバラハキリバチは、竹筒の中などを巣として利用し、子のために花粉を集めて運び込み、だんご状にし、そこに卵を産む。さらに、バラの葉で仕切りをして子のための個室を作る。

ミツバチの仲間（ミツバチ上科）には、養蜂に使われるセイヨウミツバチに代表されるように、真社会性をもったグループ・種が多数見られる。これらハナバチ類は寄生バチや狩りバチのように獲物を毒針で攻撃することはないが、毒針は退化させずに持っており、防衛のために利用する。

ハナバチ類に限らず、真社会性のアリ・ハチにとって毒針は非常に重要で、社会を発達させて巣を大きくすると、そのぶん哺乳類などの天敵に巣を食べられたり荒らされたりしたときの損害が大きいので、毒を発達させて対抗している面が大きいと考えられている。

たとえばハナバチ類では、ニホンミツバチは日本在来の野生のミツバチだが、公園の木の洞に巣を作ることも多く、人間が不用意に近づいたり刺激したりすれば威嚇《いかく》したり刺したりしてくる。狩りバチでは、スズメバチ類の巣にうっかり近づくと大顎をカチカチと開閉して威嚇してきて、ゆっくり立ち去れば大事には至らないが、そのままさらに巣に近づいてしまうと群れで刺してくるというのは有名な話だ。

アリでは、オーストラリアの山林や郊外で普通に見られるブルドッグアリの仲間は視力と跳躍力に優れ、人間が巣に近づくのを見つけると数匹の働きアリがジャンプして飛びかかって刺してくるという話や、アメリカに侵入したヒアリは民家の庭にアリ塚を作り、うっかり踏んづけた人の足に大群で登って刺すので、刺された人は驚きと痛みでヒアリダンス（fire ant dance）を踊る羽目になるといった話がよく知られている。

シロアリはアリの仲間ではない

ここまで、アリはハチの1グループだという話をしてきたが、ここからはシロアリの系統分類学的位置づけと社会性について説明していきたい。

シロアリというと、家屋の木材に巣くう白いアリというイメージを持っている方が多いと思うが、彼らはじつはアリの仲間ではない。近年の遺伝子解析によれば、シロアリはゴキブリの中の1グループである。系統的にシロアリと最も近縁なのは、ゴキブリの中でも

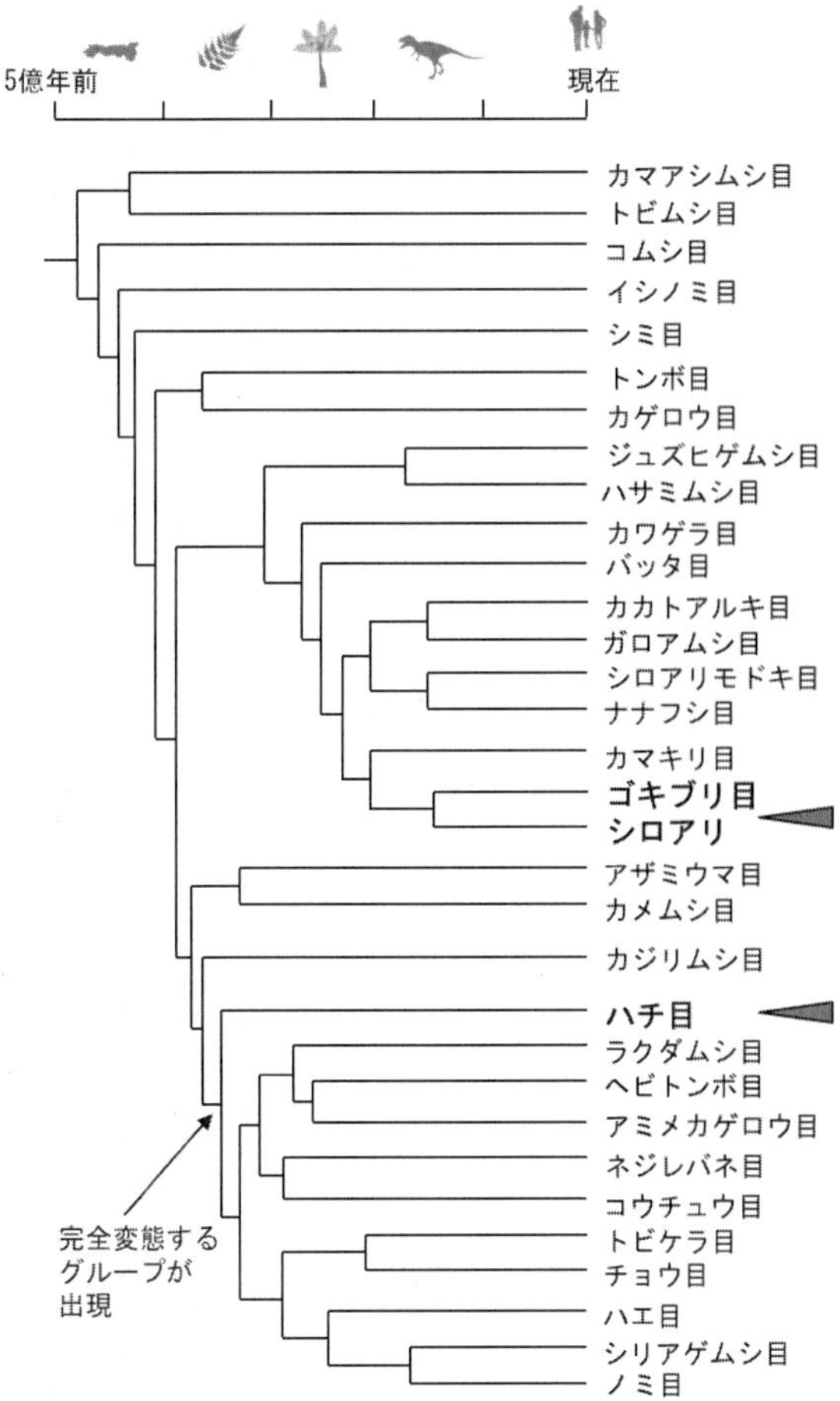

昆虫の系統進化（Misof et al. 2014をもとに作成）。シロアリ（ゴキブリ目の一部）とアリ・ハチ（ハチ目）は系統的に離れている。

キゴキブリというグループ（1科1属12種：北米と東アジアの標高の高い森林に分布するが、日本では確認されていない）で、これらは朽《く》ち木の中に巣を作り、朽ち木を食べ、親子で家族生活をする。その中で不妊の労働カーストが進化したものが現れ、シロアリが誕生したと考えられる。つまり、シロアリとは、真社会性を獲得したゴキブリなのである。形態でいえば、触角が直線状である点や、腰がくびれず寸胴なところがアリというよりゴキブリである。

ゴキブリ目（シロアリを含むゴキブリの仲間全般）とハチ目（アリを含めハチの仲間全般）とは系統的に大きくかけ離れている。そのため、一口に真社会性といっても、シロアリの真社会性はアリ・ハチとは別に独自に進化したものであり、大きく異なる点がいくつかある。

まず、前述のとおりアリ・ハチの繁殖カーストにはメス（女王）とオスがいるが、労働カーストは全てメスである。これに対し、シロアリでは基本的に各カーストにオス個体とメス個体が存在し、両性が協働して社会生活を営む点で、メス社会であるアリやハチのコロニーとは異なる。これは両者で遺伝様式が大きく異なることに起因しているのだが、詳しくは後述する。

次に、ハチ目は完全変態で、卵→幼虫→蛹→成虫へと成長し、幼虫はイモムシ状で自ら歩行できないが、ゴキブリ目は不完全変態で、蛹のステージがなく、幼虫は成虫とほとんど同じ形態をしている。そのため、シロアリは生まれながらにしていわゆるシロアリの見た目をしており、実際、生まれてから1回脱皮した2齢ぐらいの時点から、いっちょまえに巣内の仕事に従事し始める。

さらに、アリ・ハチでは一度成虫になって女王ないしは兵隊アリ、働きアリになってしまったら、もう脱皮して形態を変化させることはできないので、他の階級に変化することはないが、シロアリでは脱皮を繰り返して成長しながら徐々に形態が生殖階級や労働階級（兵隊および一般的な働きシロアリ）に変化していくので、途中でどの階級に分化するか、ある程度の変更が利くのも特徴である。

その他、アリ・ハチの女王は精子を貯蔵しておく器官を持っているのでオス自身は交尾後すぐに死亡し、女王は貯蔵した精子を利用して産卵を行うのに対し、シロアリ女王は精子を貯蔵する器官を持っていないので、長生きするオス（王）が常に近くにいて交尾を繰り返す必要がある、といった違いもある。

社会性をもつことのメリットとは

本章ではここまで一般に知名度の高い社会性昆虫（アリ、ハチ、シロアリ）について、繁殖分業システムやそれぞれの系統関係を概説してきた。ハチ目の中で、いくつかのハチのグループがそれぞれ独立に真社会性を進化させたこと、その中にアリも含まれること、シロアリはハチ目とはかけ離れたゴキブリ目に含まれ、これまた独自に真社会性を進化させたことを見てきた。

シロアリのようにアリ・ハチとは独立に真社会性を獲得した昆虫のグループは他にも複数あり、これからそれらも順次紹介していくが、その前に、そもそも真社会性とはそんなに良いものなのかという疑問をもつ読者もおられるかもしれないので、その点について説明しておきたい。

チョウやテントウムシなどは基本的には1匹ずつ単独で生活する。たとえば、有名なエリック・カールの絵本『はらぺこあおむし』に登場するあおむしは、卵から生まれた後しばらく、自分にあう食べ物を見つけられずに空腹に苦しんだり、へんなものを食べておなかをこわしたりする。

このように、単独性の昆虫は、自力で餌を探し回らなければならない。また、はらぺこあおむしは幸運にもぶじチョウチョにまで成長できたが、現実の世界では、あおむしの仲間の多くは必死に食べ物を探して歩き回っているうちに、捕食者や寄生者の餌食になってしまう（鳥や狩りバチ、寄生バチに襲われたり、通った場所や食べ物に付いていた細菌やウィルスに感染したり……）。成虫になっても、少ない交尾相手を探し求めて飛び回ったりしている間に、これまた捕食者や寄生者に襲われて命を落としてしまうことも多い。単独性昆虫は過酷なサバイバル生活を送っており、卵から生まれた個体のうち成虫になり繁殖まで成功するものはごく一部である。

これに対し、アリの幼虫は働きアリから手厚い保護を受ける。食べ物は自分で探しにいかなくとも世話役の働きアリから与えられ、この食べ物は外勤の働きアリが連携して効率よく発見・調達してくる。また、巣内はきれいに掃除され、幼虫の体も随時グルーミングされて清潔に保たれるので、細菌やウイルスに冒されるリスクも低い。巣は大勢の働きアリによって天敵から保護され、安全である。よって、単独性の昆虫に比べはるかに好条件で生育できる。

このように、アリの巣内では、働きアリが幼虫のために働くことによって高いパフォーマンスを実現している。つまり、自分の労力や時間を犠牲にして、他個体の利益となるような「利他行動」がキーとなっている。

アリの利他行動

アリの利他行動は、働きアリによる幼虫の世話だけではない。マニアックなところから例をあげると、じつは幼虫は世話されるばかりではなく、働きアリや女王といった成虫のために働いている側面もある。

前述の通り、ハチ目の成虫は進化の過程で腰が細くくびれ、腹部の可動域が飛躍的に広がって獲物や外敵を巧みに攻撃できるようになったが、その一方で、内臓を細くしなければならないという制約が生じることとなった。そのため、アリの成虫(働きアリや女王)は固形物を自分で消化することができず、自力で食べられるものは基本的には液体などが中心である。

しかし、幼虫は寸胴で、この制約を受けないため、固形物の食べ物を働きアリからもらうと、体内で消化することができる。そこで、働きアリは固形の食べ物をせっせと幼虫に与え、幼虫は体内でそれを消化し、その後、働きアリから催促されると一部を液体として吐き戻して働きアリにわたすのである。こうして、働きアリが狩ってきた他の昆虫の肉片などといった固形物由来の栄養素が巣内でシェアされる。

　また、先に外勤の働きアリが連携して餌を調達すると書いたが、餌を発見したアリが仲間に餌のありかを教えるというのは誰もが知るところで、餌を独り占めせずわざわざ他者に教える点で利他行動といえる。

　外勤の働きアリには斥候《せっこう》と呼ばれる部隊がおり、巣の外をランダムに歩き回って餌を探索する。餌を見つけると、道しるべフェロモンと呼ばれる化学物質を腹部末端から分泌して地面に付けながら帰巣する。巣の仲間たちはこの道しるべフェロモンをたどって餌場にたどり着くことができる。巣と餌場の間に働きアリの行列ができ、速やかに餌を巣へと運び込む。その過程で、餌をめぐって他の生物と取り合いになることもあるが、ここでも複数の働きアリが集団で敵を追い払い、餌を防衛する。1匹の働きアリが餌を独占しようとした場合には追い払えないような大きな敵でも、利他行動で仲間に餌場を教えた結果、複数で撃退することが可能となる。

　利他行動の例は他にも挙げられるが、最も重要なのは、働きアリが自らの繁殖を犠牲にして女王の繁殖を助けることである。生物は、繁殖によって自分の遺伝子を次世代に残さないと、存続することができない。それなのに、前述の通り、働きアリは性別としてはメスだが、自ら子を産むことはできない。高校の生物の授業で習った「自然選択説」では、生物は突然変異によって様々な個体差が生じるが、おかれた環境下で生存や繁殖に有利な性質をもった個体が子孫をより多く残す、とされているはずだ。一方で、自らの繁殖に不利な性質をもった個体は淘汰されていく。では、どうして自身の繁殖を行わない働きアリというカーストや利他行動が進化して、維持されているのだろうか？

4分の3仮説

高校生物の学習参考書には、発展的な内容としてハチ・アリ類における真社会性の進化を説明できる理論である「4分の3仮説」が載っていることがある。これはざっくり言えば、働きアリとその妹（女王が産んだ幼虫）は血のつながりが濃く、働きアリは自身の産卵を放棄して幼虫の世話に専念することで自分と同じ遺伝子を効率よく後世に残せる、という説である。

より上位の概念である「血縁選択説」というのがあり、生物は、自分の遺伝子を残すのにプラスになるのであれば、利他行動を進化・獲得し得る、というものである。たとえば自分の兄弟姉妹に子どもがいて、子育てに忙しくしている場面を想定しよう。その子は自分と血がつながっている（一部共通の遺伝子を持っている）ので、何か手伝ってあげることで子育てがうまくいくなら、その行為（利他行動）によって、自分と同じ遺伝子が生き残るのを支援していることになる。

ハチ目昆虫は少し特殊な遺伝様式をもっており、血縁選択説の考え方によると、働きアリや働きバチは自分で産卵して子孫を残すよりも、親である女王の子を育てるほうがむしろ自分と同じ遺伝子の増殖を達成できる計算になる。この数字を指して4分の3仮説という呼び方をするのだが、詳しい計算については後述する。具体的には、ハチ目の昆虫は半倍数性という遺伝様式をもっているのだが、一般的な生物とは少し異なるので、まずはそちらから説明する。

遺伝子は細胞内の染色体に格納されており、生物は複数の異なる染色体に膨大な数の遺伝子を分けて保持している。パソコンに例えると、膨大な数の電子ファイルをいくつかのフォルダに分けて保存しているようなイメージである（電子ファイルが遺伝子、フォルダが染色体に相当）。ヒトを含め多くの生物は倍数性という遺伝様式をとっており、通常の細胞は染色体を2セットもっている。精子と卵子は減数分裂によってこれが半分になり、染色体1セットずつをもつことになる（中学校でメンデルの法則で習うやつです）。これらが合

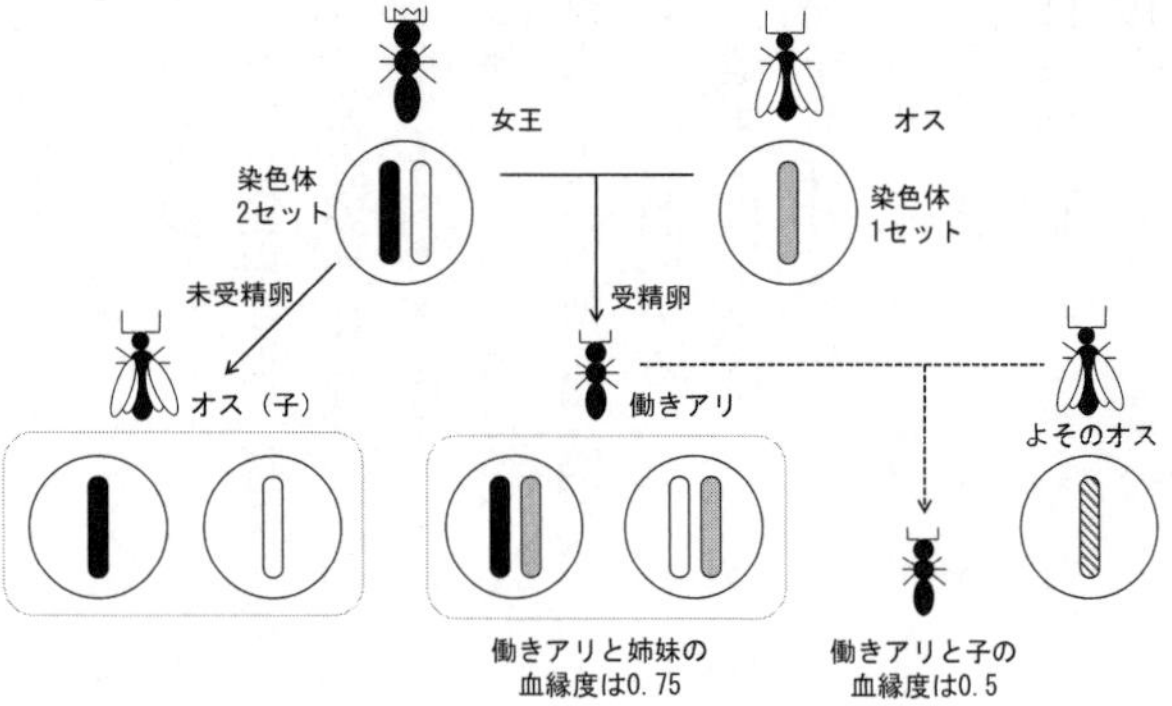

半倍数性の繁殖様式と血縁度の関係。

体（受精）すると父親由来と母親由来の染色体がペアになった受精卵ができ、子は父母から1セットずつ染色体を受け継いだことになる。

子からみると、父親も母親もそれぞれ自分と半分ずつ同じ遺伝子をもっている計算になる。血縁度といって、自分と他者がどの程度同じ遺伝子を共有しているかを表す指標があり、全く同じ場合を1とすると、父親、母親とはそれぞれ半分ずつ同じ遺伝子を共有しているので0・5となる。自分に子ができた場合も、自分と配偶者の染色体を1セットずつ子は受け継ぐので、血縁度は0・5となる。

しかしハチ目昆虫ではメスは倍数性であるものの、オスは染色体のセットを対でもっておらず、1セットしかもっていないため、半倍数性という。女王（メス）がつくる卵子には減数分裂により染色体が

1セット含まれている。卵子が精子と合体せず未受精の場合は、未受精卵からオスの幼虫が生まれ、成長するとオスの羽アリになる。一方、卵子がオスのつくる精子と合体した場合、その受精卵からは倍数性のメスが生まれる。メスの幼虫は、成長すると働きアリか、次世代の女王となる。

この遺伝様式では、働きアリから見た妹（女王が産んだ、性別がメスの子）の血縁度はどうなるだろうか？　働きアリとその妹は、半分は父親由来の染色体を必ず共通で受け継ぐ。そして残り半分は母親である女王由来の染色体2セットのうちどちらかを受け継ぐが、働きアリと妹で同じセットを受け継ぐ確率は半々である。よって、働きアリと妹は、半分（父親由来、50パーセント）足す半分の半分（女王由来、25パーセント）で平均して75パーセントの遺伝子が共通という計算になり血縁度は0・75（すなわち4分の3）となる。

これに対し、働きアリが仮に自分で子を産んだとすると、交尾相手となるオスの遺伝子を半分受け継ぐので、子の血縁度は0・5である。なんと、自分が交尾して子を産むよりも、母親が産む子（妹）の方が、自分との血縁度が高いではないか。

つまり、母親が産む子を育てるほうが、自分の遺伝子を残せる確率が高いことになるため、自分自身はいっさい産卵しないが女王の産んだ幼虫を世話する労働カーストが進化で

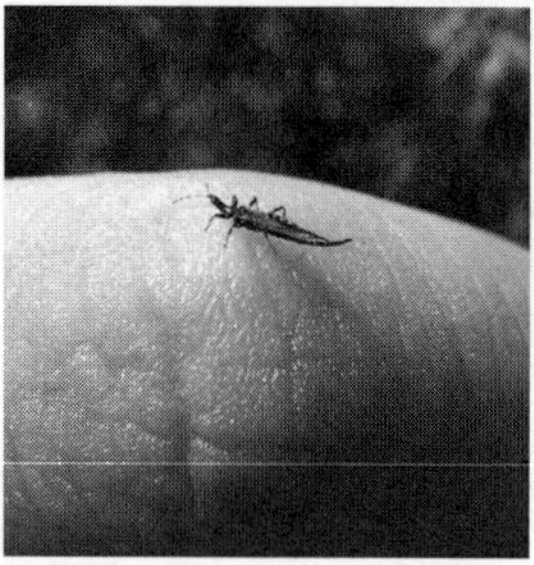

アザミウマの一種であるカキクダアザミウマ。
Daiju Azobu via Wikimedia Commaon（Open Cage）

きたのだと主張するのが4分の3仮説である。

ハチ目以外で4分の3仮説が当てはまる例

半倍数性はハチ目とアザミウマ目の全ての種、カメムシ目やコウチュウ目の一部で見られる。ハチ目以外では、アザミウマ目の中にも真社会性の種がおり、真社会性の進化の要因として4分の3仮説が正しいことの裏付けと考えられている。

アザミウマは体長1～3ミリメートルほどの小さな昆虫で、目立たないが、じつは植物の葉や花、実からエキスを吸って食べる種が身近に数多くいる。アザミウマの一部は作物に付くことから農業害虫として有名で、日本でも数十種は害虫となることが知られている。植物組織に針状の口を刺すことによる直接の加害や、植物体内に病原性ウイルスを媒介する間接的な害もある。

アザミウマにはこのように作物に付いて単独で生活する種のほか、亜社会性の種が見られ、集団で生活して成虫が卵を保護したり、餌まで行列を作ったり、協力して巣を作って防衛したり、といった行動が見られる。さらに、オーストラリアに生息する*Oncothrips*属と*Kladothrips*属の数種はアカシアの木の葉に虫こぶを形成して巣とし、その中で集団生活する真社会性の種である。これらの種では1匹のメスが単独で、ないしはオスと一緒に巣を創設して繁殖し、コロニーができあがる。そのコロニーの中に、翅が短くて飛べないかわりに前脚にトゲがあり太く発達した兵隊カーストが存在し、繁殖はせずに巣の防衛を専門的に行う。

この兵隊アザミウマは前脚を武器として、巣に穴をあけて侵入してくる外敵（別種のアザミウマ）と戦い、寄生者が襲来したときは率先して犠牲になって残る巣仲間が寄生されないよう身代わりとなる。これらのアザミウマ種では、遺伝様式が半倍数性であることに加え、虫こぶ内という閉鎖空間で生活すること、虫こぶ内での近親交配によりコロニーメンバー同士が高い血縁度をもつようになることが、真社会性の進化（兵隊カーストの進化）を促したのではないかと考えられている。

4分の3仮説の弱点

4分の3仮説は血縁選択説に基づいて労働カーストによる利他行動の進化をきれいに説

明できる偉大な仮説だが、うまく説明できないこともあることが指摘されていた。

一つめは、労働カーストによる姉妹の世話は労働カーストにとってメリットが大きいと説明できても、兄弟の世話はメリットが大きいとは説明できないことである。というのも、労働カーストの遺伝子の半分は父親由来だが、兄弟（たとえば、働きアリにとって女王が産んだオス幼虫）は未受精卵から生まれてくるので、父親由来の遺伝子を全く持っていない。

一方で、自分の遺伝子の残り半分である母親由来の遺伝子が兄弟と共通している確率は50パーセントである。これらを総合すると、半倍数性の遺伝様式では、労働カーストにとって兄弟は血縁度が0・25しかないのである。つまり、兄弟の世話は自分の遺伝子を残す上でそれほどメリットはないのだが、労働カーストは姉妹の世話だけでなく、ちゃんと兄弟の世話もする。

二つめに、4分の3仮説は半倍数性ではない遺伝様式をもつ真社会性生物の進化を説明できない。その最たる例がシロアリで、シロアリの遺伝様式は私達ヒトと同じく倍数性である。また、同じく倍数性の昆虫として、コウチュウ目のキクイムシ科でも真社会性の種が知られている。倍数性の場合、労働カーストと兄弟姉妹との血縁度は0・5、労働カーストが自身で繁殖して子をつくる場合の子との血縁度も0・5であり、特段自身での繁殖

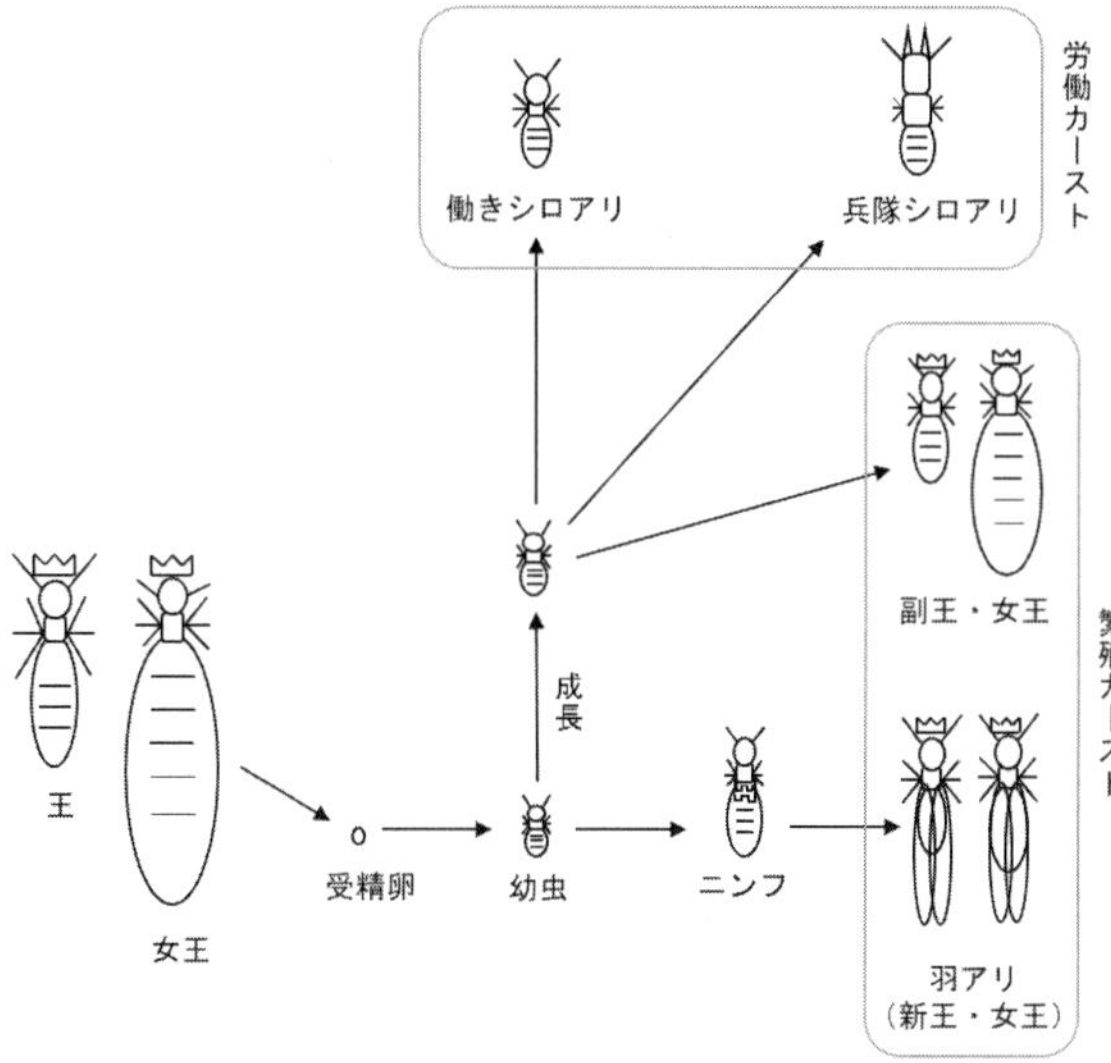

シロアリの成長にともなうカースト分化。

をあきらめて兄弟姉妹に対する利他行動を進化させる必要はなさそうである。

シロアリの社会と近親交配仮説

先にも述べたが、シロアリの社会には繁殖カーストとして女王（メス）、王（オス）、労働カーストとして働きシロアリ、兵隊シロアリがいる。その他、次世代の繁殖カーストになるニンフ（メス、オス両方を含む）と呼ばれる階級があり、ニンフは巣内の女王や王が死亡するとその補充要員として副女王・王になったり、いわゆる羽アリとなって繁殖期に巣外へ飛び立ち新天地で営巣する創設女王・王となったりする。

シロアリの遺伝様式はオスもメスも倍数性であり、全ての労働カーストがメスであるハチ目と異なり、シロアリの労働カーストである働きシロアリや兵隊シロアリは性的にはオス、メスの両方が存在する。シロアリは不完全変態をする昆虫で、脱皮とともに徐々にカースト分化が進んでいくので、いったん働きシロアリへの道を歩み出した個体でも、巣内に女王・王、ニンフがいない状況下では、途中で大きく軌道修正して副女王・王になることも可能である。

以上のようにシロアリの社会では、女王や王が死亡すると巣内でニンフまたは働きシロアリから補充のための副女王・王が育ち、生き残っている方の親と交配する仕組みになっている。補充生殖カースト同士で何世代も近親交配が繰り返されると、巣内の個体同士の血が濃くなる（お互いの血縁度が上がる）。そのため、巣内で利他行動をすることによって、巣外へ出て血縁関係のない配偶相手との間に子をもうけるより自分と同じ遺伝子を残しやすい状況になり、真社会性が進化したのではないかというふうに考えられる。

これを「近親交配仮説」といい、シロアリではハチ目とは違った要因で真社会性が進化したのではないかとされてきた。しかし、近親交配仮説にも弱点があり、近親交配を繰り返すと、よく知られているように有害な遺伝子が巣内に蔓延《まんえん》してコロニーが衰退してしまう危険がある。また、シロアリの繁殖生態を調べると、繁殖カーストの生産は巣外での交配を想定した羽アリの生産が主軸であり、副女王・王の生産はあくまでもコロニー延命のための応急処置のようなので、近親交配を積極的に進めているようには見えない。

新しい一夫一妻仮説

教科書にはまだ載っていないと思うが、真社会性の進化要因として2000年代後半に考案され、現在もっとも確からしいといわれているのが「一夫一妻仮説」である。これは、親が厳密に一夫一妻を守るという条件が成り立つ場合において、子は自身の繁殖により子孫を残すことが難しい環境下では、兄弟姉妹を育てる真社会性が進化し得るという説である（Boomsma 2007）。

倍数性の遺伝様式をもつ生物では、同じ両親（一夫一妻）から生まれた兄弟姉妹同士の血縁度は、これまでも説明したとおり0・5である。彼らがだれか赤の他人と交配してさらに子を産んだとき、子との血縁度は0・5であり、兄弟姉妹との血縁度と等価となる。よって、赤の他人と交配して新たな家族を築くことが難しい環境下では、あえて厳しいことに挑戦するのではなく、より安定した環境下で兄弟姉妹を育てるほうが自身と同じ遺伝子をより残しやすい。そのため、労働カーストが進化し得るというのが一夫一妻仮説である。なお、逆に、一夫一妻が守られない場合は兄弟姉妹間の血縁度が0・5より低くなるので、そのようなことが起こり得る場合は兄弟姉妹を育てることは自身が繁殖するより得にはならず、労働カーストは進化し得ないということになる。

一夫一妻仮説は、血縁選択説というくくりでは4分の3仮説や近親交配仮説と共通だが、従来仮説の苦しいところを説明できるという特長がある。4分の3仮説では、労働カーストは姉妹とは血縁度0・75と高値だが兄弟とは血縁度0・25と低値であるという問題があったが、兄弟姉妹を平均すると0・5となり、一夫一妻仮説で想定している血縁度と同じになる。また、実際、ハチ目昆虫の系統解析により、真社会性をもつ8系統全てにおいて、女王は基本的に生涯に1回きりの交尾（一夫一妻）であることが分かっている。

真社会性キクイムシの事例

一夫一妻仮説において、もう一つ真社会性が進化するための条件とされている「自身の繁殖により子孫を残すことが難しい環境」については、ハチ目昆虫で真社会性が進化した当時の環境を正確に知ることはできない。しかし、現代に生息している真社会性キクイムシの事例で、具体的にイメージをつかむことができるので紹介したい（Smith et al. 2018）。

キクイムシは、多くは成虫の体長が数ミリメートルほどの細長い小さな甲虫である。亜社会性の種が多く、木の中に巣を作って親と子が一緒に生活する。「木喰い虫」という名の通り木を食べるのだが、樹皮下を食べるものと木材部を食べるものがいる。後者について、キクイムシ自身は木材を消化することはできないが、かわりに、アンブロシア菌とよばれる木材を分解する菌類をトンネル内壁に植え付けて増殖させ、菌ごと食べることで木材の栄養を効率よく摂取する。

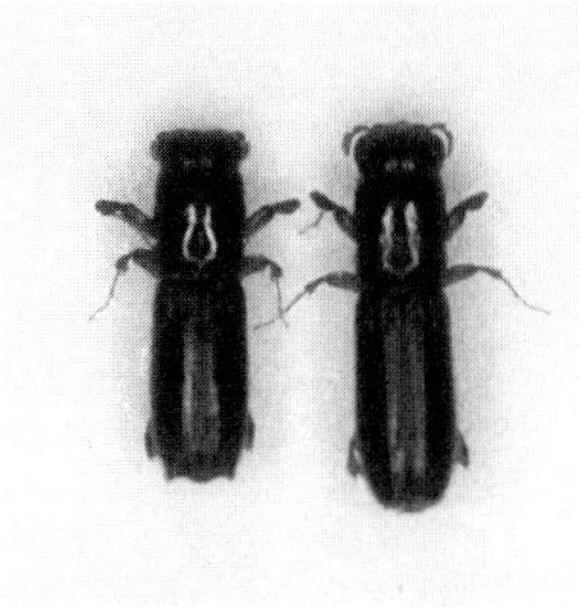

日本に生息するキクイムシの一種、カシノナガキクイムシ（左がオス、右がメス）。メスは菌のうにアンブロシア菌を保持し、母巣から飛び立って新しい巣を創設する際に持ち運ぶ。その際、アンブロシア菌だけでなくナラ菌というブナ科樹木の病原菌も持ち運び、ナラ枯れを引き起こすことが近年問題となっている。©共同通信

オーストラリアのユーカリの生立木に巣を作るミナミナガキクイムシ、学名*Austroplatypus incompertus*は、コウチュウ目としては世界で唯一知られる真社会性の種である。巣の中には複数のメス成虫がいるが、そのうち1匹だけが卵巣を発達させており産卵して

いる。この個体が女王にあたり、10～30年と長生きする。その他のメス成虫は労働カーストで、繁殖はせず、巣内の掃除や入口の防衛などを行う。このキクイムシは遺伝様式が倍数性であることが確かめられており、労働カーストが進化した要因として4分の3仮説は適用できない。

本種が巣を新たに創設する際、まずオス成虫がユーカリの木に少し巣穴を掘った後で、巣穴入口付近でフェロモンを放出してメス成虫を誘引する。誘引されてやってきたメス成虫が交尾して創設女王となるが、その90パーセントは捕食者に襲われたり、巣穴を掘り進めていく過程でユーカリの木が侵入者に対する防衛反応として分泌するヤニにまかれたりして、命を落とす。また、オスは交尾後は入口の防衛に専念し、ほどなくして死亡する。

女王が産んだ子が成長し羽化すると、新メス成虫は二つの道を選択することができる。一つめは、母巣から飛び立ち、野外でオスと交尾して新たな巣を創設する道で、前述の通り90パーセントは失敗する。二つめは、母巣にとどまって労働カーストとなり、巣の維持管理に貢献して女王の繁殖を助ける道である。

女王や労働カーストは木材部を脚で削って巣を拡張、維持管理していくが、木が硬いため、その間に脚の跗節（爪の部分）がとれてしまい、そうなると巣外に出ても着地面にしがみつけないので、一生を巣の中で過ごすことになる。このように、巣の創設・管理は大変な仕事であるが、ひとたび創設に成功すれば、比較的安定した住環境として維持管理し、数十年にわたり利用できる。

系統進化の研究により、このオーストラリアのミナミナガキクイムシが属するナガキクイムシ亜科が誕生した際に、オス、メスのつがいによる巣の創設という行動が進化したことが分かっている。これは一夫一妻制をとるようになったことを意味しており、この時点でまずは真社会性進化の必要条件が整ったといえる。そして、ナガキクイムシ亜科のキクイムシはそのほとんどが枯木に巣を作るが、ミナミナガキクイムシを含むごく一部が生きた木に巣を作るように進化した。元気で抵抗力がある硬い木に巣を構えるというのがミナミナガキクイムシにとって厳しい環境条件となり、このことが十分条件となって真社会性の進化に至ったと考えられている。

生態系における真社会性昆虫の影響力

以上のように、真社会性昆虫は、一夫一妻制の種において血のつながった家族を手伝うことが、自身で繁殖するよりも遺伝子を残す上で有利となる条件下で誕生したと考えられている。とくにアリ類、シロアリ類は全ての種が真社会性をもち、コロニーメンバーが協力しあうことで効率的に数を増やしたり、さまざまな環境に進出したりすることに成功し、現在では非常に繁栄し、生態系において非常に重要な役割を担うに至った。

たとえばアリ類については、現在地球上に少なく見積もっても2京匹がいると推計され、炭素量に換算すると1200万トンにのぼる。これは野生の哺乳類と鳥類を合わせた質量を上回っており、ヒトの約20パーセントにも相当する。アリは世界で1万4100種以上が知られ、世界中に普遍的に生息し（熱帯に特に多い）、植物の種子を散布したり、アブラムシをはじめとする植物を吸汁する昆虫と共生関係を結んだり、幅広い生物を捕食したりと、生態系において様々な他の生物に影響を与えている。

一方、シロアリは世界で約3000種が知られ、枯死《こし》植物を食べることで地球の物質循環に大きく貢献している。熱帯を中心に世界に24京匹が生息しているとされ、シロアリとその巣から排出される二酸化炭素およびメタンガスは全地球の排出量の2〜5パーセントに相当すると推計されている。

このように現代世界において繁栄しているアリ類であるが、亜熱帯から温帯地域を中心に、侵略的外来アリが通常のアリを上回る増殖をして問題になっている。その代表格がアルゼンチンアリ、アシナガキアリ、ヒアリ、コカミアリ、ツヤオオズアリといった世界の侵略的外来種ワースト100に掲載された種たちである。これらはいくつかの共通の生態的特徴をもっており、それが高い増殖力をもつ要因になっていると考えられる。その中でも特に注目されているのが、これらが通常のアリ類を超えたさらなる社会性を、つまり「スーパーコロニー」を進化させたことだ。

一般的なアリの社会

通常のアリは一つひとつのコロニーがこぢんまりしており、1箇所の巣に全員が暮らしているか、狭い範囲にあるいくつかの巣に分散して住まっている。コロニー内に女王は1匹のみか、種類によっては何匹かいるものもある。そして、ちがうコロニー同士は敵対関係にあり、餌やなわばりをめぐって闘争する。先に述べた通り同じコロニーのメンバーは血縁関係があるので協力し合うのだが、ちがうコロニー間には血縁関係がないので、たとえばちがうコロニーの個体に餌を分け与えたり手伝ったりしてしまうとタダ働きとなり、自分のコロニーのことがおろそかになってしまう。そのため自分のコロニーの行動圏で出会ったちがうコロニーの個体を厳しく排除しようとする。

このとき、出会った相手が自分と同じコロニーの仲間かどうかは体の匂いでかぎわけている（Ozaki et al. 2005）。アリの体表は炭化水素というワックス成分で覆われており、少し化学的な話をすると、炭化水素は炭素原子と水素原子が複数結合することによって出来ている。そして、炭化水素には、含まれる炭素原子の個数、炭素原子同士の結合のしかたによって様々な種類がある。

一般に、アリの種類によって体表にもつ炭化水素（以下体表炭化水素という）の種類にはちがいがあり、さらに、同じ種類のアリでもコロニーによって炭化水素のブレンド比率が異なる。たとえば、ある種のアリがA、B、Cという3種類の体表炭化水素をもっている場合、あるコロニーではA：B：C＝1：2：1だが別のコロニーではA：B：C＝2：1：3、といった具合である。アリは成虫になってすぐにまわりのコロニーメンバーの体をグルーミングすることで体表炭化水素の匂いを覚える。その後、同種の他個体と出会った際には、記憶している匂いと相手の匂いが一致するかどうか体表に触角でふれて識別し、一致しない場合は敵対行動に出る、というわけである。

また、年1回の繁殖期には羽アリが出現し、オスアリと新女王が一斉にコロニーから飛び立って、他のコロニーの羽アリと交尾する。これを結婚飛行というが、交尾をすませたオスアリはすぐに死亡し、一方で新女王は母巣から離れた場所に降り立って翅を落として独力で巣を創設する。そのため、出身の母巣との交流はここでなくなる。

侵略的外来アリの社会

侵略的外来アリは、上記の一般的なアリに比べ、はるかに大きなコロニーを作るのが特徴である。多数の女王がいる多数の巣が一つのコロニーを構成しており、これらの巣同士は互いに敵対せずアリが自由に行き来したり協力しあったりする。コロニーに含まれる巣があまりにも広範に分散しており、遠く離れた巣の個体同士は直接交流することがほとんどあるいは全く起こらなそうなレベルであることから、この巨大コロニーは「スーパーコロニー」と呼ばれる。

一般的なアリよりコロニーが巨大化するのは、侵略的外来アリが近隣への巣分かれの仕組みを持っているからである。侵略的外来アリでも一般的なアリと同様に繁殖期には羽アリが出現するが、新女王は結婚飛行をするのでなく、母巣内でオスアリと交尾を済ませる。母巣と交尾を済ませた新女王は、母巣の働きアリとともに近隣にできた巣に引越しをする。母巣と、巣分かれによってできた巣とは、血縁関係があるため敵対関係にはなく、むしろアリの行列を介してつながっており、お互いを自由に行き来して連携しあう関係にある。このように、まるで植物が栄養生殖によって株を増やしていくように、侵略的外来アリは侵入した場所で巣分かれによって巣のネットワークを拡大していき、地域全体が一つのスーパーコロニーとなる。

スーパーコロニーを形成することにより、侵略的外来アリはたくさんの巣が連携して効率的なリソース配分をすることができる。たとえばスーパーコロニーのテリトリー内に良い餌場ができればその近辺の巣に増員をかけるし、敵が出現した場合もその周囲に戦闘要員を次々送り込み応戦する。逆に一部の巣をとりまく環境が悪化した場合には巣を捨て、周辺の環境の良い巣に避難することもできる。

市街地のように人間によって巣場所がしばしば攪乱されるような環境ではスーパーコロニー制はとくに有利と考えられている。そして何より、一般的なアリと異なり近隣の同種のコロニーとのなわばり争いに費やすコストが大幅に低減されるので、その分のエネルギーを繁殖に投資することができる。このように、スーパーコロニー制は侵略的外来アリに、非常に高い効率性と繁殖力をもたらす。

なお、スーパーコロニーを形成するのは必ずしも侵略的外来アリだけではない。じつは日本在来種であるエゾアカヤマアリも、北海道の石狩浜で連続約10キロメートルにわたりおよそ4万5000個の巣から成るスーパーコロニーを形成していることが1970年代には知られており（Higashi and Yamauchi 1979）、アルゼンチンアリのスーパーコロニーが知られるまではエゾアカヤマアリのスーパーコロニーが世界最大とされていたほどだ。

スーパーコロニーの進化史

しかし、スーパーコロニー制は進化生物学的には合理的とはいえないという指摘がある（Helanterä et al. 2009）。というのも、スーパーコロニーの外部から同種のオスがやってきて交配したりすると、スーパーコロニーのメンバー間の血縁度が低下する。世代を重ねてこのような事例が積み重なると、メンバーの血縁関係がどんどんうすれていき、最終的にほとんど赤の他人同士となってしまう。そうなると、協力関係を維持する（分け隔てなく利他行動をする）メリットは全く無くなると考えられる。

したがって、スーパーコロニーの中で自分と血縁度の高いメンバーを識別して特に縁者びいきする突然変異分子が出現し、スーパーコロニーが崩壊するのではないかと推測する研究者もいる。その傍証として、今日、スーパーコロニー形成種はアリ類全体の系統樹の中で散発的に見られる。特定の亜科や属で進化して有利となりずっと継承されている、というような感じではない。このことから、スーパーコロニー制は進化の袋小路的な存在で、ときどき出現してはやがて滅びるようなことが起こっているのではないか、という推論がある。

とはいえそもそもスーパーコロニー間の交配が自由に起きるのかといったことを含め、スーパーコロニー形成種の配偶システムがそれぞれの種について詳しく分かっていない部分もあるので、スーパーコロニー制の進化メカニズムや行く末については今後も研究が必要だ。それでも、これまでの研究で興味深いことが分かってきており、たとえばヒアリには多女王制のコロニーと単女王制のコロニーがあり、どちらになるかは*Gp*-*9*という一つの遺伝子によって制御されている。

コカミアリでは女王とオスの交配によって働きアリが生まれるのは他のアリと同様だが、新女王と新オスはそれぞれ親女王と親オスのクローンになるという特殊な繁殖システムが発見されている。ヒアリにおけるスーパーコロニー制進化の説明は一筋縄ではいかないが（詳しくは、東ら2008を参照されたい）、コカミアリのようなクローン繁殖ならそりゃスーパーコロニーにもなるわな、と直感的には理解できる。

アルゼンチンアリでは血族内での交配を守るべく、働きアリが外部から血縁関係のないオスの移入を禁止しており、かつ巣内でも自分たちと血縁関係が低めの女王を処刑して間引くことによって一夫一妻仮説の前提に近い条件を保とうとしていることが分かってきている。詳しくは次章をご覧いただきたい。

社会性以外にもある外来アリの強さのヒミツ

スーパーコロニー制に加えて、複数種の侵略的外来アリが共通して持っており、その侵略性の要因になっていると推測される生態学的な要因がいくつかある。まず、これは外来アリに限らず外来種全般でよく言われていることだが、天敵や競争相手からの解放である。生物には基本的に必ず捕食者や寄生者といった天敵がいて、それによって特定の生物だけが増えすぎることなく、生態系のバランスが保たれているものである。

しかし、外来種は侵入先では原産地にいた天敵がいないため、異常に増えてしまう。外来アリの場合、たとえばヒアリでは、寄生性のノミバエが原産地では有力な天敵の一つとなっている。このノミバエのメス成虫は、地表を活動するヒアリの胸部に卵を産みつける。孵化したウジはヒアリの体内に侵入し、食い進む。寄生されたヒアリはすぐには死なないが、しだいに動きが鈍くなっていき、最後はハエのウジに首を切り落とされ、やがて食い尽くされた頭の中からハエの成虫が出てくる。ノミバエはヒアリにとって脅威であり、ノミバエがヒアリの行列に近づいてくるとヒアリ達は巣の中に逃げ込むなど、寄生を免れたとしても活動を大きく制限される。私たち人間も2020年以降コロナウイルス感染をおそれて外出などの自粛を強いられたが、原産地のヒアリは常にこのような状況にさらされているというわけだ。

また、コロナウイルスではないが、病原性のウイルスや微生物もアリにとって有力な天敵で、たとえばアメリカ南東部に侵入して近年問題になっているタウニーアメイロアリ *Nylanderia fulva* というアリに対して微胞子虫《びほうしちゆう》という微生物の仲間を人為的に感染させることで地域全体の個体群に大ダメージを与えることに成功した事例が知られている。

加えて、原産地で切磋琢磨《せっさたくま》してきた競争相手が侵入先ではいない、というのも外来種にとって大きなアドバンテージになる。外来アリでいえば、アルゼンチンアリ、ヒアリ、コカミアリ、タウニーアメイロアリといった著名な侵略的外来アリはいずれも南米原産でお互いに競合関係にあり拮抗しているが、侵入先ではこれらの制約から解放されて単独で大暴れできる。たとえば先ほどタウニーアメイロアリは微胞子虫に弱いという話をしたが、このアリはヒアリとの闘いには強く、ヒアリの毒を中和して無効化するという技を持っている。一方、侵入先の在来アリは、外来アリの武器や戦法に適応していないので、外来アリに対して無防備で、やられてしまいやすい。

次に、植物食性が強いことも、外来アリを侵略的にする要因の一つと言われている。多くのアリは雑食性だが、先に述べた進化の過程でいう狩りバチのグループに属するので、基本的には肉食動物の部類に属する。侵略的外来アリも雑食性だが、とくにアブラムシ・カイガラムシ類の分泌する甘露や花の蜜などをよく摂取する。アブラムシ・カイガラムシ類の分泌する甘露は、これら吸汁性昆虫が植物から吸った師管液をほぼそのまま排出しているものなので、それを食べるのは植物食と言って良いだろう。

ここで中学の理科で習う「生態系ピラミッド」を思い出してほしい。生物は食べたものの全てを自分のエネルギーにすることはできないのでロスが生じ、生産者（植物）、低次消費者（草食動物）、高次消費者（肉食動物）の順に数が少なくなっていく仕組みになっている。この枠組みの中で、侵略的外来アリはかなりの低次消費者ということになる。そのため、アリ類の中でもとくに個体数を増やすことができるのである。甘露に豊富に含まれる炭水化物をエネルギー源として、侵略的外来アリは活発に動きまわる。そして餌メニューの一部として他の昆虫なども食べ、それら生物に大きな影響を与えてしまう。
以上で説明してきたスーパーコロニー制、天敵や競争からの解放、植物食性。これらはいずれも外来アリの侵略性に寄与していると考えられている。

《引用文献》

Blaimer BB, Santos BF, Cruaud A et al.（2023）Key innovations and the diversification of Hymenoptera. Nature Communications, 14: 1212

Boomsma JJ（2007）Kin selection versus sexual selection: why the ends do not meet. Current Biology, 17: R673–R683.

Helanterä H, Strassmann JE, Carrillo J, Queller DC（2009）Unicolonial ants: where do they come from, what are they and where are they going? Trends in Ecology & Evolution, 24: 341–349.

Higashi S, Yamauchi K（1979）Influence of a supercolonial ant *Formica*（*Formica*）*yessensis* Forel on the distribution of other ants in Ishikari Coast. Japanese Journal of Ecology, 29: 257–264.

東正剛、緒方一夫、S・D・ポーター著、東典子訳（２００８）『ヒアリの生物学——行動生態と分子基盤』海游舎

Misof B, Liu S, Meusemann K et al. (2014) Phylogenomics resolves the timing and pattern of insect evolution. Science, 346: 763–767.

Ozaki M, Wada-Katsumata A, Fujikawa K, Iwasaki M, Yokohari F, Satoji Y, Nisimura T, Yamaoka R (2005) Ant nestmate and non-nestmate discrimination by a chemosensory sensillum. Science, 309: 311–314.

Smith SM, Kent DS, Boomsma JJ, Stow AJ (2018) Monogamous sperm storage and permanent worker sterility in a long-lived ambrosia beetle. Nature Ecology & Evolution, 2: 1009–1018.

第3章　アルゼンチンアリの驚異の生態

アルゼンチンアリのスーパーコロニー規模は侵略的外来アリの中でも最大級で、ヨーロッパや北米で数百、数千キロメートルにおよぶものが確認されている。小さなアリンコがどうやったら元々いなかった場所で、数千キロメートルも広がってこんな巨大社会を作れるのだろうか？　日本でもスーパーコロニーの建造は始まっているのか？　筆者は研究を進める過程でその答えを知ることとなった。そして、海外から輸入した生きたアルゼンチンアリと、日本で捕まえたアルゼンチンアリとを出会わせてどのような行動をとるか調べてみたら、アルゼンチンアリ世界侵略１７０年史を紐解く鍵となる結果が……。

アルゼンチンアリの生態

アルゼンチンアリの原産地は南米アルゼンチンおよび周辺国のパラナ川流域で、とくにパラナ川の氾濫原にもともと暮らしていたアリである。一般にアリの巣というと地中深くまでいくつもの部屋がきれいに作り込まれているイメージを持たれているのではないかと思うが、アルゼンチンアリの場合はしょっちゅう川の氾濫で巣が攪乱されるような環境に適応しており、石の下や倒木の下といった空間を巣として利用するか、土中に巣を作るとしても、簡素に浅いものを作る。そして氾濫が来るとさっさと巣を捨てて木の上などに避難し、水が引いた後、再度簡単な巣を作り直す。このようにどこにでも仮設住宅のような巣を作れる性質は、アルゼンチンアリが物資に紛れ込んで運ばれる確率を上げるとともに、行き着いた先で見つかる空間をうまく利用して生き延びる確率を上げていると考えられる。

貿易に附帯して持ち運ばれたアルゼンチンアリは、多くの場合、まずは行きついた港に定着することになる。港のコンテナヤード周辺は土が少ないことも多いが、ゴミや資材の下、わずかな土の中、コンクリートの隙間などを巣場所として活用し、生きながらえる。そして機会があれば、港から運び出されていく物流に乗ってさらに市街地などへ移動していく。移動して定着する先は、海沿いや河川沿い、灌漑用水路付近といった水源のあるところが多い。

第1章でアルゼンチンアリは茶色いアリと書いたが、色がうすいのは体の殻（外骨格）がうすいからである。そのためアルゼンチンアリはより外骨格が厚く黒っぽい色をした一般的なアリに比べ、体から水分が蒸発しやすいという弱点がある。原産地の氾濫原は水分が潤沢に手に入る環境だったが、侵入地でも同様に常に水にアクセスできる環境が必要なのだ。

港から市街地や農地に移動したアルゼンチンアリは、水場を起点として拡散し、道路沿

港のゴミ箱に行列をなして餌をとりに来ているアルゼンチンアリ。神奈川県川崎市にて。ちなみに撮影をしていたらおまわりさんに職務質問された。

い、公園、畑、家屋の庭、さらには屋内にある、さまざまな空間を巣場所として活用して巣を作り住みつく。具体的には、植え込みの土の中、石の下、落ち葉の下、植木鉢の中や下、コンクリートの割れ目、畑のマルチの下、樹木の枯死部の中などである。日当たりの良い石の下は暖かくて卵や幼虫がよく育つので、ひっくり返すと白い米粒のような幼虫や蛹とそれらを世話する働きアリ、女王などがうじゃうじゃといるのが見つかる。

巣の大きさや中にいるアリの個体数は、巣場所のサイズや巣の成熟度合いによってまちまちだが、巣には通常複数の女王がおり、上記のように石をひっくり返すだけで女王が10匹以上見つかることもある（ただし一時的な駐屯地のような巣もあり、そこには女王が全くいない場合もある）。女王は１日に数十個程度の卵を産む。

毎年、春になるとまずは次世代の繁殖カーストの生産が始まり、女王の産んだ卵が１～２か月前後かけて５、６月頃に新女王、オスアリとして羽化してくる。これら繁殖カーストは前章で説明したように巣内か、近隣の巣からやってきた個体と交尾する。新女王は翅があるが飛ぶのを見たことがない。オスアリは夕方に巣の出入り口から飛び立とうとするのを見かけるが、飛ぶのは下手で、すぐに地面に落ちてしまう。風に乗って少し移動できる個体がたまにいる程度と思われる。海外で詳細な遺伝子解析をした研究でもオスアリはごくたまにしか長距離飛翔しないことを示唆する結果になっている。働きアリの行列に混じって近隣の巣へと歩いて移動する様子はしばしば見ることができる。

交尾を済ませた新女王は働きアリの生産を開始し、８月以降はそれらが羽化するため働きアリの個体数が一気に増大する。それに伴ってアルゼンチンアリの家屋侵入などの被害も夏以降苛烈になっていく。巣分かれも盛んに起こり、生息域が年間で50～１５０メートルほど拡大する。巣分かれは結婚飛行とは異なり女王が働きアリを伴って移動するため、新しい巣場所に到着するまでの間に女王が外敵に捕食されて死亡するリスクが低くなるほか、巣作りにかかる女王の労力もなくなるため、移動後すぐに女王はフル生産体制に入り、ビジネスに例えれば「垂直立ち上げ」が可能となる。

アルゼンチンアリの巣分かれの習性は、川の氾濫を頻繁に受けてコロニーの迅速な再建が生存の鍵となる南米原産地の生息環境で進化したのであろう。小規模の攪乱が頻繁に起こる環境では、巣分かれの方が結婚飛行よりもコロニーの生存率が高く適応的であることがシミュレーションによっても示されている（Nakamaru et al. 2007)。

11月以降、気温が下がってくると活動は落ち着いてくるが、アルゼンチンアリは冬眠をする性質はないので、冬でも5℃ぐらいあれば活動する。ただし、天然の餌資源は秋までより減り、気温の低下により活動も思うようにはできなくなるので、巣の個体数は漸減していくようである。そして春になると、また上記のサイクルを繰り返す。冬眠をしないことから在来アリよりも活動開始が早く、先に餌を独占するなど先手必勝のポイントを抑えて在来アリを追いやっている面もあると考えられている。

アルゼンチンアリは雑食性で、周囲の状況に応じて柔軟な餌資源利用が可能である。野外では、アブラムシ等の同翅類昆虫の分泌する甘露を重要な餌資源としているほか、生きた小昆虫などを襲ったり、動物の死骸、人間の出したゴミをあさったりする。筆者が見て

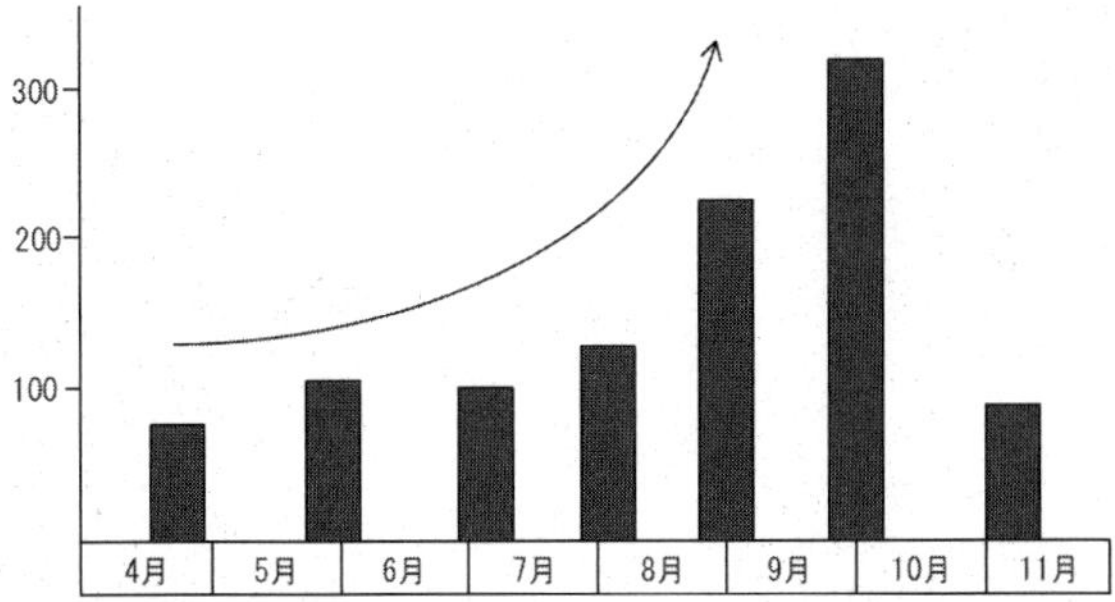

アルゼンチンアリの活動の季節推移。砂糖水トラップに集まってきた個体数を月１回調査した結果、夏から秋にかけては春先の２～３倍に増大した（2007年に山口県岩国市で採取したデータ）。

印象深かった事例としては、公園に捨てられた弁当容器に野菜嫌いの人が残したと思われるブロッコリーがあり、それを食べていたこと（好き嫌いせずえらい！）、コーンポタージュ缶の底に残ったコーン粒を目ざとく見つけて食べていたこと（食べ物を粗末にしない！）などがある。

真冬には、人間の出したゴミやツバキの花蜜、アブラムシの甘露などを集めている様子、あげくの果てには犬のオシッコを飲んでいるのを観察したことがある。公園でアルゼンチンアリの観察をしているときに、犬がオシッコをしているのを見かけたので、もしや、と思って見に行ってみると、アルゼンチンアリがやってきて飲みはじめたのである。ひもじいので何でも餌らしきものには飛びつく状態だったのかもしれないが、温かくて飲みやすかった、ミネラ

冬にツバキの花蜜を吸いに来たアルゼンチンアリ。このように冬場でもある程度の行列を作って活動する。

ルなどが摂取できた、といった実益もあったかもしれない。

アルゼンチンアリが同翅類昆虫の甘露を好むことは前章で記した通りで、そのおかげで自らの生態系ピラミッド上の地位を低く抑え、個体数を増やしている。加えて、侵入の最前線では在来アリや在来小昆虫などを捕食する肉食性を発揮しつつ、それらをあらかた食い尽くしてしまうと甘露主食に切り替えるという器用な餌資源利用をしていることも分かっている。

巣と巣の間や、巣から樹上の同翅類昆虫のいるところまでの間などは、行列で繋がっている。実際に生息地で地面にできた行列をたどってみると、個体の出入りする巣穴が見つかる。そしてその巣穴からさらに先へと行列は続き、たどっていくと次の巣穴に行き着く。こうして行列をたどっていくと、100メートル以上歩いても巣と巣の繋がりが途切れない場合も多い。行列の中で、女王を見つけることや、卵や幼虫を加えて引越しさせている働きアリを見つけることも多々ある。このようにして、行列で繋がれた無数の巣が集まってスーパーコロニーを形成している。このスーパーコロニーが一体どこからどこまで広がっているのかについては、以降の項で解説していく。

世界における分布

アルゼンチンアリは過去約170年の間に南米からヨーロッパ、北米、アフリカ、オーストラリア、アジアの各大陸と、多くの島嶼に分布を拡大した。温帯域を中心に、亜熱帯域でも定着が認められる。次ページの図はこれまでアルゼンチンアリ発見の記録がある場所をマッピングした世界地図で、じつに多くの地域で記録があることが分かる。

カリフォルニアのスーパーコロニー

アメリカ合衆国カリフォルニア州では1905年にアルゼンチンアリの生息が確認され

世界におけるアルゼンチンアリ発見の記録（Wetterer et al. 2009などをもとに作成）。▲は原産地、●は侵入地。多くの場所で定着しているが、中には１回きりの記録しかない場所もある。

て以来１００年あまりの間に、州の北部から南端に至るまで９００キロメートル以上にわたり分布が拡大した。

アルゼンチンアリの自力による分布拡大は巣分かれによる50〜１５０メートル／年程度だが、これでは10年で１５００メートル（＝１・５キロメートル）、１００年でせいぜい15キロメートルしか分布拡大できない計算になる。９００キロメートルという数字は、アルゼンチンアリの自力拡大ではなく、人為的な長距離移動が頻繁に起こったことにより達成されたものである。

これはカリフォルニアに限った話ではなく、世界の他の侵入地でも同様で、アルゼンチンアリは人為的な長距離移動によって年間１００キロメートル以上も移動し得る。カリフォルニア州内で人為的移動が繰り返され、スポット状の生息地が次々とでき、海岸沿いを中心にびっしりと埋まってきたという状況である。なお、何に付いて人為的移動が起こってきたかについて詳しくは分かっていないが、植物の苗木や鉢植えの土中に巣ができていて、それが運ばれたというのが発見事例として多い。

カリフォルニアのアルゼンチンアリのスーパーコロニーについて、カリフォルニア大学の研究者らが2000年代を中心に重要な研究成果を多数発表した。彼らはカリフォルニアでスーパーコロニーがどのぐらい広がっているかを「敵対性試験」という行動実験により調べた。敵対性試験とは、異なる巣から採集してきた働きアリを同じシャーレに入れ、出会ったときの反応を観察する実験である。

同じスーパーコロニーの出身であれば仲間なので、同じ巣の個体に接するときと同じように仲良くするが、異なるスーパーコロニーの出身であれば敵対的になる。具体的には、あわてて逃げ去る、大顎を広げて威嚇する、大顎で噛みついて攻撃する、といった行動が起こり、片方ないしは双方が触角や脚を失うといった重傷を負ったり死亡したりする激しい闘争に発展することもしばしばある。900キロメートルの範囲から巣を採集して研究室内に持ち帰り、敵対性試験を行ったところ、大部分の巣の間では敵対性が見られず、州

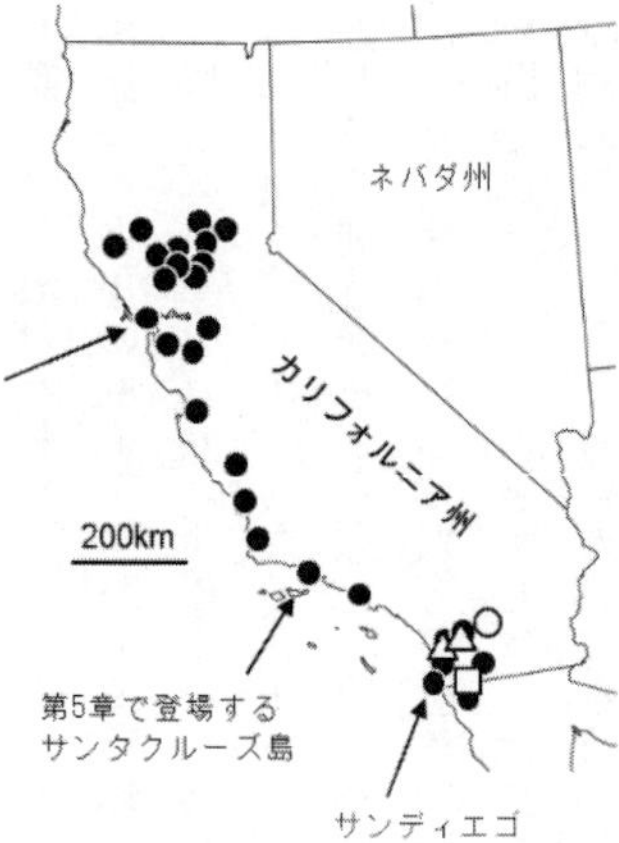

カリフォルニアにおけるスーパーコロニーの分布。●の地点から採集してきた巣はすべてお互いに敵対しない、同じスーパーコロニー。州南端の採集地点のうち４地点の巣は●の採集地点の巣と敵対する３種類の小規模スーパーコロニー（○、□、△２地点。Tsutsui et al. 2003をもとに作成）。

の南端の一部の生息地の巣でのみ、他と敵対的な行動が見られた。このことから、カリフォルニアでは９００キロメートルにわたって巨大なスーパーコロニーが形成されていることが分かった。

先に述べたようにアルゼンチンアリは人為的移動によって飛び地的に分布を拡大しているので、９００キロメートルの範囲の全ての巣が行列で連結しているというわけではないが、それにしてもスケールの大きな話である。また、州の南端では巨大スーパーコロニーと小規模スーパーコロニーが接する境界域が存在し、そこではスーパーコロニー間の激しい戦闘が繰り広げられ、アルゼンチンアリの死体の山が日々うずたかく積まれているという（モフェット２０１３）。

一方、彼らは南米の原産地でも敵対性試験を行い、スーパーコロニーの分布を調べた。

その結果、原産地には多数の小規模スーパーコロニーがひしめき合っており、一つひとつのスーパーコロニーは数十〜数百メートル程度のスケールであることが分かった。よって、アルゼンチンアリは侵入地のカリフォルニアでスーパーコロニーを巨大化させたことになる。

第2章でスーパーコロニーを作ることのメリットとして同種コロニー間のなわばり争いが軽減され、そのぶん繁殖に投資できることを説明したが、アルゼンチンアリは原産地ではスーパーコロニーが小さくなわばり争いが比較的頻繁に起こるのに対し、侵入地のカリフォルニアではスーパーコロニー間のなわばり争いがほとんど無くなっていることから、原産地に増して高い繁殖力を実現できるのではないか、つまり社会構造の変化が侵略性の要因になっているのではないか、と考えられた。

侵入地と原産地でコロニーの大きさが異なる理由として、一時はアルゼンチンアリが侵入地でスーパーコロニー制を進化させたのではないかという説もあったが、結局のところ、原産地からごく少数のスーパーコロニーが侵入地に導入され、その後侵入地内で人為的移動によって拡散することによって、限られたスーパーコロニーが巨大化していくと考えられている。このことについては後でより詳しく説明する。

原産地のスーパーコロニー

原産地のスーパーコロニーサイズについては筆者もアルゼンチンで確かめているので、そのデータを紹介しよう。調査をしたのは２０１０年で、当時大学院生だった筆者は、研究室の先輩で学位取得後は北海道大学に移ってヒアリなどの外来アリの研究プロジェクトに従事していた坂本洋典さんが南米へ調査に行くのに同行させていただく機会があった。そこで、筆者の博士論文の一部として南米のアルゼンチンアリの社会について調査をすることができた。

調査はサラテ、サン・アントニオ・デ・アレコ、ロサリオ、ブエノスアイレスの四つの場所で行った。このうちブエノスアイレスは言わずと知れたアルゼンチンの首都であり、調査は大統領官邸の裏にあたるプエルト・マデロ地区で行った。サラテはまさにアルゼンチンアリの原産地風景が広がるパラナ川の氾濫原で、ブエノスアイレスからは北西に約80キロメートル離れている（写真を第4章に掲載）。サン・アントニオ・デ・アレコはアレコ川が流れる田舎町で、ブエノスアイレスから１１０キロメートルほど北西に位置する。ロサリオはアルゼンチン第３の都市で、ブエノスアイレスからパラナ川を上って２７０キロ

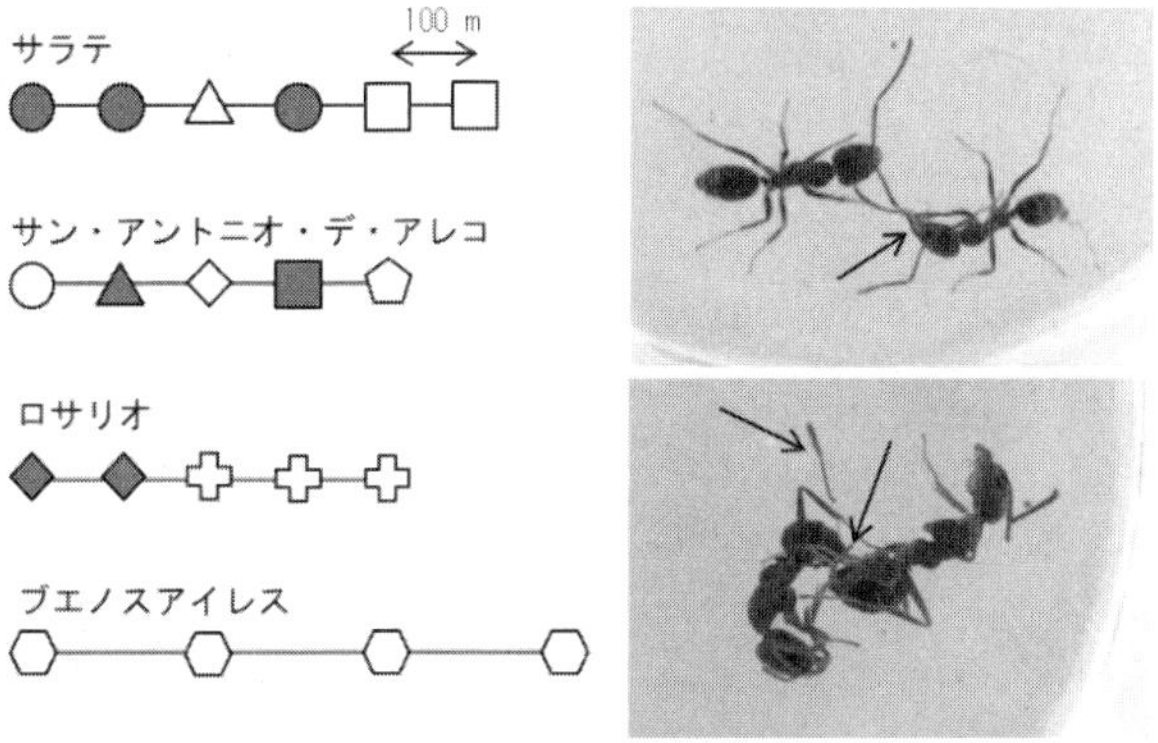

原産地4地域で行った敵対性試験の結果。左は各地域の道路沿いにおけるスーパーコロニーの分布。異なるシンボルや色で表した調査地点には全て別々のスーパーコロニーがあった。写真は異なるスーパーコロニーに属する個体同士の敵対行動の例。右上では触角への咬みつき、右下では咬みつきによる脚の切断や腹部末端からのギ酸攻撃の様子が分かる(矢印)。

メートル北西に位置し、巨大船舶の行き来の拠点となる港がある。筆者らの調査はパラナ川岸のビーチで行った。

各調査地で４００〜６００メートルの道路沿いに一定間隔ごとにアルゼンチンアリを採集し（１００または２００メートルおき）、それぞれの調査地内で巣の総当たり戦になるように敵対性試験を行い、巣同士の関係性を調べた。その結果、サラテでは５００メートルの線上で三つの異なるスーパーコロニーが入れ子状に分布していることが分かった。

サン・アントニオ・デ・アレコでは４００メートルの線上の５地点で採集

した巣が全て互いに敵対し、別々のスーパーコロニーという結果になった。ロサリオでは400メートルの線上の5地点で採集した巣が二つのスーパーコロニーに分けられた。これらに対し、ブエノスアイレス市内で道路沿いに200メートルおき4箇所から採集した巣間では敵対性が見られず、単一のスーパーコロニーが少なくとも600メートルにわたって分布していることがうかがわれた。

以上のように、この調査により、原産地ではブエノスアイレス市内のようにスーパーコロニーが比較的大きい場所もあるものの、数百メートル以下の小規模なものが複数混在している様子を確認することができた。

ヨーロッパのスーパーコロニー

ヨーロッパのスーパーコロニーについてもよく研究されている。ヨーロッパでアルゼンチンアリの生息が初めて確認されたのは1890年のことで、その後、カリフォルニアと同様、人為的な長距離移動を繰り返してヨーロッパ南部に広く拡散した。主には地中海沿岸地域に分布しているが、一部、内陸に定着している地域もある。

Giraudら（2002）はスペイン北西部からポルトガル、スペイン南部から東部、フラ

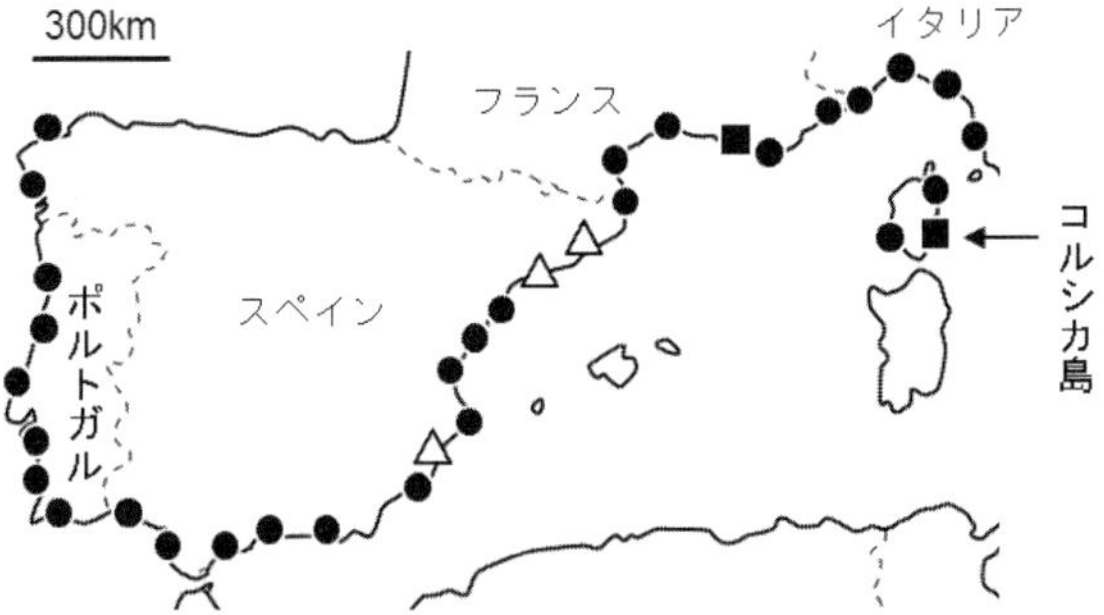

ヨーロッパ広域におけるスーパーコロニーの分布。●はヨーロピアン・メイン、△はカタロニアン、■はコルシカン（Giraud et al. 2002などをもとに作成）。

ンス、イタリアにかけて地中海沿岸6000キロメートルの範囲にある33地域からアルゼンチンアリを採集して研究室に持ち帰り、敵対性試験を行った。

敵対性試験の結果、採集したアルゼンチンアリの巣は二つのスーパーコロニーに分類された。一つは図に黒丸で示した「ヨーロピアン・メイン」と呼ばれるスーパーコロニーで、飛び地的にではあるが6000キロメートルにわたって広域に分布している。もう一つは白抜きの三角で示した「カタロニアン」と呼ばれるスーパーコロニーで、スペイン東部のカタルーニャ地方に分布している。黒丸の調査地で採集した巣同士はお互いに敵対しないし、白三角の調査地で採集した巣同士でもお互いに敵対しないが、黒丸と白三角の組み合わせでは激しい敵対行動が確認されたのである。この研究によって、アルゼンチンアリはカリフォルニアだけでなくヨーロッパでもとんでもなく大きなスーパーコロニーを形成していることが明らかになった。

その後、フランスの研究者オリヴィエ・ブライトさんらは、南仏のコルシカ島と近隣の本土でヨーロピアン・メイン、カタロニアンのどちらにも属さない第3のスーパーコロニー「コルシカン」を発見した（図では黒四角で示した）。ただしこのコルシカンはヨーロピアン・メインとの敵対性が弱く、遺伝的にもよく似ていて解析方法によっては区別が難しいことから、ヨーロピアン・メインから突然変異などにより派生した可能性があるという（Blight et al. 2012）。

日本への侵入と分布拡大

日本でアルゼンチンアリの生息が最初に確認されたのは1993年で、広島県廿日市《はつかいち》市で本種と思われる個体群が見つかった。ただし、しばらくは種類が特定されず、アルゼンチンアリであると同定され、論文として報告されたのは2000年である（杉山2000）。

廿日市市には木材港があるため、木材などにまぎれて上陸したのではないかと考えられている。その後、人為的な長距離移動によると思われる分布の飛び火が続き、広島市、岩国市、宇部市など、広島・山口県内各地で生息が確認されるようになった。また、廿日市市では2004年時点ですでに4・5キロメートルにわたって連続的に生息しており、巣分かれによってもじわじわと生息域を拡大したことがうかがわれる。これら中国地方の生息地は、住宅地を中心とした市街地が多い。

一方、1999年にはこれら中国地方からは離れた兵庫県神戸市からもアルゼンチンアリが発見された。発見されたのは神戸港にある人工的に造成された埠頭で、コンテナ倉庫などが並ぶ物流の拠点となっている。また、2005年にはさらに東に離れた愛知県田原市でもアルゼンチンアリが発見された。こちらは住宅や学校、商業施設などのある市街地である。

さらに2007年、関東地方でアルゼンチンアリが見つかった。実はこれは筆者が神奈川県横浜市で発見したものである。当時、上記のような飛び地的な生息地発見が散発していたことから、関東地方でも、気づかれていないだけで既に侵入が起こっているのではないか、特に神戸港と同様に貿易が盛んであり、港湾・港町としての構造的な共通点が多くアルゼンチンアリにとって似たような環境と思われる横浜港があやしいのではないか、と考えたのである。

日本におけるアルゼンチンアリの分布。定着している場所を黒丸、過去に分布していたが根絶された場所や、港湾のコンテナなどで少数の個体のみが見つかり即座に駆除された場所は白抜きで示した。一部、現在も生息しているかどうかはっきりしない場所もある。また、2024年１月環境省作成資料（https://www.nies.go.jp/biodiversity/invasive/DB/image/map/60090d.jpg）などの公表資料をもとに作成したが、その他にも特段公表はされていないものの害虫防除事業者などによって駆除された初期侵入個体群が一定数あるという話も聞いている。

２００７年2月のこと、大学院修士1年生だった筆者はゼミの発表準備のため連日デスクワークをしていたが、気分転換のため横浜港本牧埠頭A突堤に行ってみることにした。冬でアルゼンチンアリの発見は見込めないだろうなとは思っており、春以降の生息調査の下見と考えて出かけたのだが、なんとそこで一発でアルゼンチンアリを見つけてしまったのである。動作は緩慢ではあったが、埠頭にわずかに存在する緑地で行列を作って歩行していた。行列の中には小さなクモの死骸を運んでいる個体や、吸蜜によりおなかが膨れた個体もおり、しっかり餌をゲットしていることが分かった。

横浜での発見は本種が冬でも人間が気づけるぐらい活動するのだと実感したエピソードの一つである。その後この個体群は筆者らの研究グループが防除を行い最終的に根絶に至ったが（第5章参照）、関東地方では横浜港の他の場所や東京都大田区の大井埠頭、埼玉県さいたま市浦和区、静岡県静岡市清水区など複数の港湾地域などでアルゼンチンアリが発見された。ただしいずれも専門家の指導や自治体の防除事業により根絶ないしは根絶に向けた個体群の抑え込みができており、拡散には至っていない。

他方、中部以西ではすでに比較的広範囲にアルゼンチンアリが広がって防除難易度の高い地域もあり、そうした既存侵入地からの人為的な移動によるものと思われる分布拡大が現在も続いている。たとえば大阪府内では２００７年に大阪市此花《このはな》区の港湾地域で初めて生息が確認されたが、２０１５年には堺市の市街地、２０２２年には伊丹空港周辺へと飛び地的に北上している。同じ近畿地方では２０２１年に奈良県、２０２３年に和歌山県でも侵入が確認された。行政が住民や研究者と熱心に対策に取り組み、京都府京都市や兵庫県伊丹市のようにアルゼンチンアリの抑えこみに成功している自治体もあるものの、全体としては拡大している。２０２３年には高知県、鹿児島県など、四国九州でも分布拡大の動きがあった。

また、２０１７年には北海道札幌市でアルゼンチンアリが確認された。当時、日本での分布の北限は東京都大田区であったが、関東北部や東北地方を飛び越えての記録である。アルゼンチンアリの人為的な長距離移動に関してはその移動経路を追跡できることはめったにないのだが、本件についてはかなりはっきりと判っている（はっきり判って公表されている国内唯一の事例ではないだろうか）（寺山・富岡２０２２）。

詳しく書くと、２０１７年11月28日に札幌市清田区の建物に届けられた荷物から多数のアルゼンチンアリが見つかった。この荷物の発送経路を調べると、約２か月前の９月20日に静岡県島田市の工場から最初に出荷され、９月24日に神奈川県横浜市大黒埠頭の物流倉庫に到着、約7週間保管された後、11月18日に札幌市白石区の倉庫へ搬入、さらに10日後の28日に札幌市清田区の建物に届けられたと分かった。静岡県島田市ではアルゼンチンアリの記録はなく、荷物発送元の工場を調査しても検出されなかったが、横浜の大黒埠頭の倉庫周辺にはアルゼンチンアリがいることが２０１６年から分かっており、この状況から、大黒埠頭のアルゼンチンアリが荷物に付いて北海道へ運ばれたと推定された。

札幌市清田区に届いた荷物だけでなく、札幌市白石区の倉庫でもアルゼンチンアリが多数見つかったが、これらは害虫防除事業者によって緊急に駆除された。アルゼンチンアリが北海道の冬に耐えられるかは確かな情報がないが、アルゼンチンアリの付いた荷物ごとポリ袋に閉じ込めて夜間は氷点下となる屋外に10日間以上置いておいても、ほとんどの個体が生きていたという。

このように、人為的な長距離移動によってアルゼンチンアリは日本全国どこに現れてもおかしくない状況になりつつあるが、最近の研究により、巣分かれ、人為的長距離移動に次ぐ第3の分布拡大経路の存在が浮かび上がってきた。奈良県では川沿いに短期間で急速な分布拡大が起こっており、その速度は巣分かれの10倍以上に及ぶというのである(Hayasaka et al. 2023)。

論文の著者である近畿大学の早坂大亮さんによると、アルゼンチンアリの巣の断片が入った枯れ枝や枯草、ゴミなどが川に流されて川上から川下へと移動することで急速な分布拡大が起こっているのではないかという。漂着した先の河川敷にはアブラムシの付いた草やゴミが豊富にあるので容易に定着・増殖が可能である。昔話であればドンブラコ、ドンブラコと元気な桃太郎が流れてくるところだが、悲しいかな、現代では元気なアルゼンチンアリが流れてきてしまうようだ。

高い生息密度

国内の侵入地におけるアルゼンチンアリの生息密度はかなり高い水準にある。おびただしい数の個体が帯状の行列を成して地面や樹上のあちこちを縦横無尽に活動しており、これは在来アリではなかなか見られない光景である。また、筆者は日本のアルゼンチンアリが原産地に比べて個体数が顕著に多くなっていることも確認している。前述のとおり本種の個体数は夏から秋にかけて増大するので、2010年3月にアルゼンチンへ渡航した機会を利用して（南半球は秋）、日本の秋（同年9月）の個体数と比較をしてみることにした。

アルゼンチンの調査は上で紹介したサラテ、サン・アントニオ・デ・アレコ、ロサリオ、ブエノスアイレスの4地域、日本の調査は広島県広島市、廿日市市、旧大野町、大竹市の4地域で行った。各地域で400〜600メートルの道路上に一定間隔で5〜10箇所の調査地点を設け、それぞれの調査地点でアルゼンチンアリの行列を探し、最初に目に入った行列を使って、30秒間に行列中の1点を往来する個体数をカウントした。

また、道路上に一定間隔で砂糖水トラップを設置して40分後に集まって来たアルゼンチンアリをカウントする調査も一部の地域で行った。調査の結果、行列を通過する個体数は日本でアルゼンチンの平均2倍ほど、砂糖水に集まる個体数は日本でアルゼンチンの平均4倍ほどとなった。これらの結果から、侵入地である日本において、アルゼンチンアリは原産地をはるかに上回る増殖をしていることがうかがわれた。

日本のスーパーコロニー

カリフォルニアやヨーロッパでアルゼンチンアリが巨大なスーパーコロニーを形成していることが2000年頃に発見されたが、日本に侵入したアルゼンチンアリではどうなのか、茨城大学と共同で調べるのが筆者の卒論のテーマだった。2005年時点で知られていた生息地の大部分を網羅するように山口、広島県内9地域、兵庫県神戸市内2地域、愛

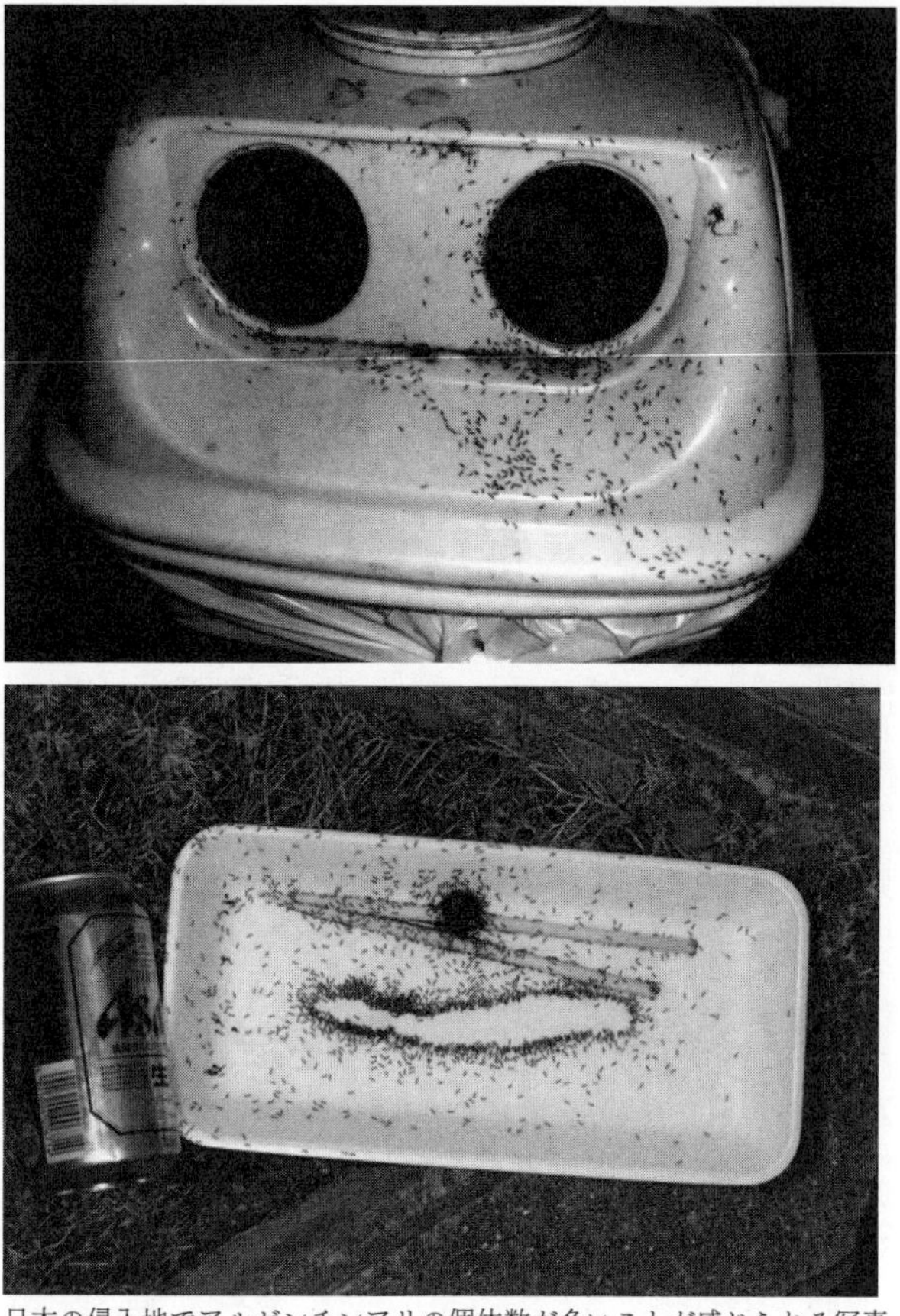

日本の侵入地でアルゼンチンアリの個体数が多いことが感じられる写真の例。

知県田原市内1地域の計12地域をまわって巣を採集し、研究室に持ち帰って敵対性試験を行った。その結果、日本には4種類のスーパーコロニーがあることが分かった。

まず、山口、広島、愛知県の全地域と神戸市内1地域に共通のスーパーコロニーが一つあった（ジャパニーズ・メインと名付けた）。特殊だったのが神戸市で、2地域にそれぞれ2種類ずつ、計4種類のスーパーコロニーがあった。そしてそのうちの一つが他県で見つかったものと共通のジャパニーズ・メインだったのである。他三つは神戸A、B、Cと名付けたが、調査地域の一つであるポートアイランドでは神戸Aが一番長いところで2キロメートル、神戸Bが1・6キロメートルほどの範囲に分布していた。もう一つの調査地域である摩耶《まや》埠頭では、神戸Cとジャパニーズ・メインがそれぞれ200メートルおよび600メートルほどの範囲に分布していた。ちなみに、摩耶埠頭ではこれら二つのスーパーコロニーの分布の境界で両者の行列が激突し、戦場になっているのを実際に目撃したことがある。

この研究では敵対性試験で行動を調べるだけではなく、ガスクロマトグラフィーという化学分析によって体表炭化水素も調べた。体表炭化水素は、第2章で説明したように、アリ同士が出会ったときに相手が自分と同じコロニーの仲間かどうかかぎ分けるための体の

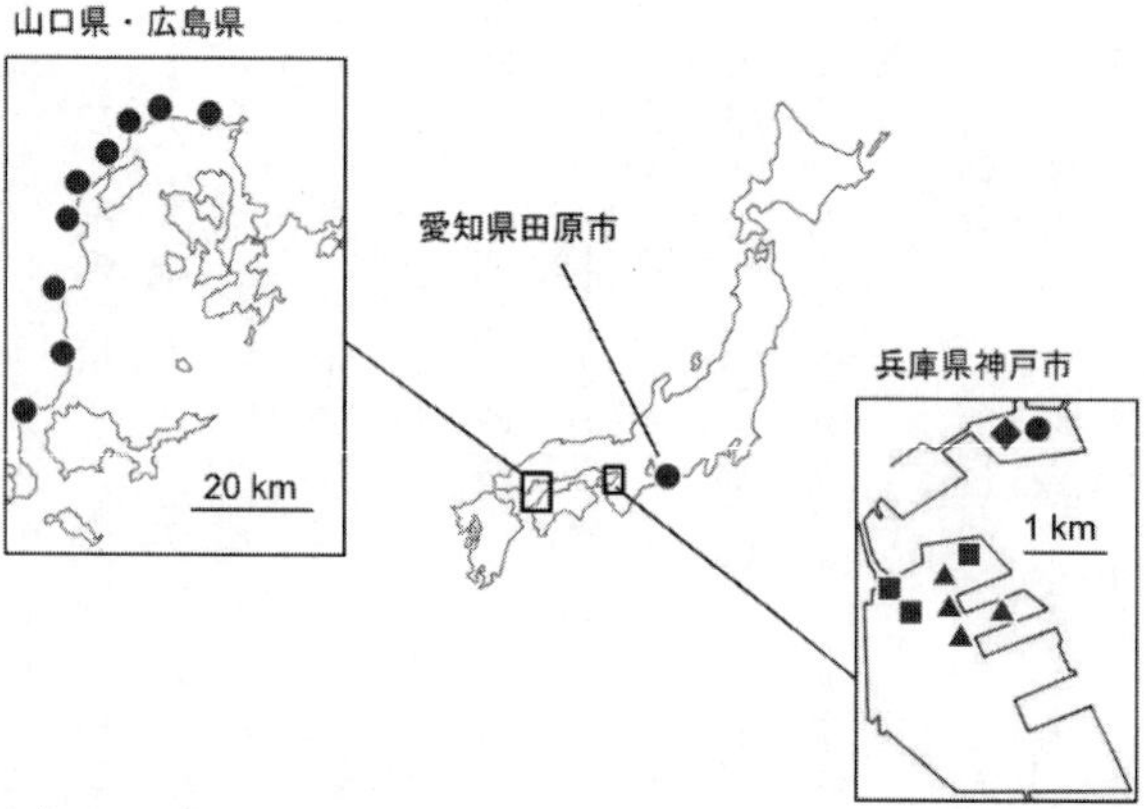

日本におけるスーパーコロニーの分布。●、■、▲、◆は別々のスーパーコロニーで、●：ジャパニーズ・メイン、■：神戸A、▲：神戸B、◆：神戸C。本図は2005年当時のもので、現在は新たな生息地に分布が拡大しているスーパーコロニーもある。

匂い成分である。

分析の結果、日本のアルゼンチンアリはたくさんの種類の体表炭化水素成分を持っており、多くの成分は巣が異なっても共通で持っていることが分かった。そこで、含有量の多い上位27成分のブレンド比について統計解析して巣間の比較を行ったところ、同じスーパーコロニーに属する巣同士は生息地が離れていたとしても似通っていることが分かった。

一方、異なるスーパーコロニーに属する巣同士は神戸市内の近隣地に分布していても、体表炭化水素のブレンド比がはっきりと異なることも分かった。アリにとっては、香りの異なる炭化水素成分が

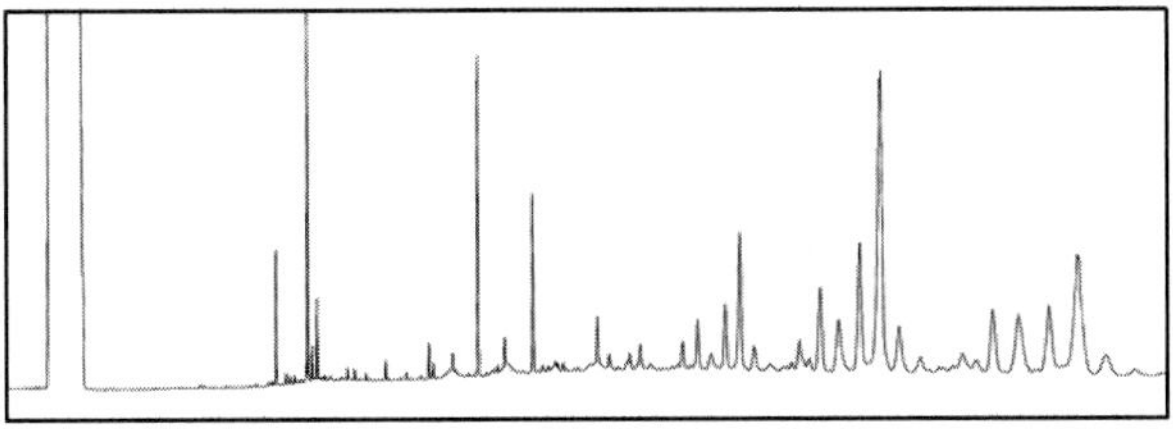

アルゼンチンアリ体表炭化水素のガスクロマトグラフィーによる分析結果の例。化学構造の異なる多数の種類の体表炭化水素成分が一つひとつのピークとして検出される。ピークの大きさによって量も分かる。

スーパーコロニーごとに違うブレンドになっていて、総体としてスーパーコロニー特有の匂いとなって、仲間かそうでないかをかぎ分けられるようになっているというわけだ。

　筆者らは敵対性の調査、体表炭化水素の分析に加え、遺伝子解析も行った。遺伝子解析は、DNA鑑定を想像していただければ良いが、採集した巣間の血縁関係を調べることができる。結果として、体表炭化水素の分析と同様、同じスーパーコロニーに属する巣同士は生息地が離れていたとしても遺伝的な組成が似ていて近縁関係にあったのに対し、異なるスーパーコロニーに属する巣間では遺伝的組成に違いがあり、血縁関係が薄かった。

　以上の結果を総合して、日本には遺伝的に異なる4系統のアルゼンチンアリが侵入しており、そのうち1系統であるジャパニーズ・メインは人為的な移動によって飛び地的に分布を拡大しつつあると考えられた。カリフォルニアやヨーロッパで見られる巨大スーパーコロニーは、このように特定のスーパーコロニーが人為的な移動を繰り返し、まばらな飛び地の間が埋まっていくことで形成されていくのであろうと推定できる。

実は、その過程で体表炭化水素、つまり体臭が変化しないというのを意外に感じる専門家もいる。たとえば人間の体臭は、遺伝で決まる部分もあるが、食生活などの生活環境要因に影響される部分もあるという。同様に、アリでは食べた餌に含まれていた炭化水素成分がアリ自身の体表炭化水素に乗り移るなどして、環境要因によって体表炭化水素が影響を受けるという論文が発表されている。しかし、人為的な移動によって元いたのとは異なる環境に移り住んでも、元いたところと体表炭化水素がほとんど変わらないのは、体表炭化水素（成分のブレンド比）が遺伝的にかなりかっちり決まっているからだと考えられる。

神戸港に4種類ものスーパーコロニーがあるのは海外から何度も侵入があったからだろう。少なくとも神戸A、B、Cの三つは神戸港以外の国内生息地では見つからなかったので、国内の別の侵入地から持ち運ばれて広まったものではなさそうである。神戸港ほどの狭いエリアから三つ以上のスーパーコロニーが見つかったことは世界的にも前例がなく驚きだったが、港湾のような国際的な物流の拠点ではこのような多数回侵入が起こっても不思議ではない。

ちなみに、上記の成果は2009年に論文発表しているが（Sunamura et al. 2009a）、その後、国立環境研究所の調査で東京都大田区から以上の4スーパーコロニーとは遺伝的に異なる第5のスーパーコロニーが見つかった（Inoue et al. 2013）。この個体群は同研究所による防除の結果根絶され、今はもう見られなくなっている。

一方、神戸港の4スーパーコロニーは現在も拮抗を続けており、いずれも健在である。特に、筆者らの研究の後に見つかったアルゼンチンアリ生息地のうち徳島県や京都府、奈良県、岐阜県、静岡県などでは神戸A、Bが見つかっている（Hayasaka et al. 2023など）。このことは、これらのスーパーコロニーが神戸港からの人為的な移動によって国内の他の場所へ拡散していっていることを意味している。巨大化するポテンシャルを持っているスーパーコロニーはジャパニーズ・メインだけではないようだ。

世界を支配するメガコロニー

上記の研究で日本の各スーパーコロニーの体表炭化水素を調べた際、気づいたことがあった。ジャパニーズ・メインの体表炭化水素成分のピークの出方が、先行文献で公表されたカリフォルニアの巨大スーパーコロニーと、ヨーロピアン・メインのピークの出方とよく似ていたのだ。カリフォルニアとヨーロッパがよく似ていることについては、比較対象となる別のスーパーコロニーのピークパターンが調べられていなかったことから、どれぐらい似ているか判断する基準がなく、先行研究ではとくに注目されていなかった。しかし、神戸のスーパーコロニーという比較対象ができたことにより、ジャパニーズ・メインと欧米の2大スーパーコロニーがものすごく良く似ているということが認識できた。これら三つは同じスーパーコロニーなのではないか。

そこで、ヨーロッパ、カリフォルニアから生きたアルゼンチンアリを輸入して、日本のアルゼンチンアリとの間で敵対性試験を行うことを企画した。アリがケンカするかどうか調べるためだけにわざわざ海外から生体を持ち込むというのは滑稽に映るかもしれないが、大真面目である。海を越えたアルゼンチンアリ同士の敵対性試験については、当時、1件だけ論文で報告されていた。それはヨーロッパから北アフリカ沖に位置するマカロネシア（マデイラ諸島、アゾレス諸島およびカナリア諸島）のアルゼンチンアリと、ヨーロピアン・メインが敵対しないという内容であった。

その論文の著者（フロリダ・アトランティック大学のジェームズ・ウェテラーさん）なら筆

者の企画に興味をもってもらえるのではないかと連絡をとってみたところ、ご本人の研究拠点がヨーロッパ、カリフォルニアから離れているためご自身は協力できないとのことだったが、スペインのバルセロナ自治大学のシャビエール・エスパダレールさんを紹介していただけ、そのエスパダレールさんがヨーロッパの2大スーパーコロニーを送ってくださることになった。

カリフォルニアのスーパーコロニーについてはカリフォルニア大学バークレー校のニール・ツツイさんの研究グループに提供いただけることになった。生体を生かしたまま無事国際輸送できるかハラハラドキドキだったが、一部、輸入許可証関係のトラブルや、それによる到着遅延が招いたと思われる死亡はあったものの、試験できるだけの個体数は生き残って到着した。ちなみに、アルゼンチンアリは欧米では世紀の大害虫のため輸送の手続きが厳重で、海外の協力者にとって大きな負担であることが分かり、2度目のチャンスはなかったと思う。

敵対性試験の結果、予想通り、ジャパニーズ・メインはヨーロピアン・メイン、カリフォルニアの巨大スーパーコロニーと敵対しなかった。一方、これらスーパーコロニーは神戸の小規模スーパーコロニーとは敵対した。また、ヨーロッパからはスペイン南東部のカタロニアン・スーパーコロニーも送ってもらったが、カタロニアンは神戸の小規模スーパーコロニー全てと敵対した。

これらの明確な行動パターンから、日本、ヨーロッパ、北米でそれぞれ最大のスーパーコロニーが、じつは大陸を横断して広がるさらに巨大な一つのスーパーコロニーであることが分かった（Sunamura et al. 2009b）。ヨーロピアン・メインと敵対しないことが報告されていたマデイラ諸島はじめマカロネシアのアルゼンチンアリもこのスーパーコロニーの一部ということになる。

このスーパーコロニーは社会性をもつ動物が作るコロニーとしては史上最大のスケールを持ち、その大きさは人間社会以外に匹敵するものがない。この発見について特にプレスリリースなどはしなかったのだが、イギリスのBBCニュースの記者の目にとまり、"Ant mega-colony takes over world"（アリのメガコロニーが世界を乗っ取る）というタイトルで報道された。

メガコロニーというのは学術用語ではないが、インパクトのある良い名前なので、本書でも大陸を超え世界を席捲するスーパーコロニーをメガコロニーと呼ぶことにする。

メガコロニーの歴史

メガコロニーの発見により、地球規模でのアルゼンチンアリの侵入の歴史がだいぶ分かることになった。これまでも書いているように、アルゼンチンアリの場合、同じスーパーコロニーであれば侵入のルーツも同じと推定できるからである。筆者らにカリフォルニアの生体を送ってくれたツツイさんの研究グループは、その後さらに世界各地のアルゼンチンアリについて敵対性を調べる研究を行い、メガコロニーがマカロネシア、北米、ヨーロッパ、日本だけでなく、ハワイ、ニュージーランド、オーストラリアの個体群も包含することを明らかにした（van Wilgenburg et al. 2010）。

また、彼らやヨーロッパの研究グループ、日本の国立環境研究所他の研究グループが同時期にそれぞれに遺伝子解析を行い（アルゼンチンアリの研究は競争が激しい！）、メガコロニーの各大陸支部はやはり遺伝的に同じ系統であることも分かった（Inoue et al. 2013など）。これらの科学的なデータと、それぞれの侵入地の地誌情報を組み合わせて、メガコロニーの歴史は以下のように推定される。

始まりはマカロネシアのマデイラ島への侵入だった。フロリダのウェテラーさんが世界中のアルゼンチンアリの記録を調べたところ、原産地の外での最も古い記録は、博物館に

推定されるメガコロニーの拡散の歴史。

所蔵されていた１８４７年から１８５８年の間にマデイラ島で採集された標本であった（JK and AL Wetterer 2006）。

19世紀、マデイラ島はポルトガルが南米の植民地から物資を輸送する際の重要な中継点になっていたため、南米からマデイラ島への船荷に紛れてアルゼンチンアリが１８５８年までにマデイラ島へ持ち込まれたものと推定される。アルゼンチンアリはマデイラ島内で爆発的に増え、アリ学者がヨーロッパ本土への侵入を危惧していたという記録もあるが、その危惧の通り、世界で2番目に古いアルゼンチンアリの記録は１８９０年代にポルトガル本土（リスボン、ポルトなど）から出ることとなった。

さらに20年経過以降は、ヨーロッパの他の国からも続々と記録されている。これらの記録は、アルゼンチンアリの世界最古の侵入個体群がメガコロニーの起源となっており、南米からマデイラ島、マデイラ島からポルトガル本土、ポルトガル本土からヨーロッパ各地へと拡散していった（ヨーロピアン・メインスーパーコロニーの形成）ことを示唆している。

具体的な経緯は不明であるが、カリフォルニアでアルゼンチンアリが最初に記録されたのは1905年なので、カリフォルニアへはヨーロピアン・メインスーパーコロニーの形成初期段階にヨーロッパから持ち込まれたのではないかと思われる。そして、カリフォルニアからハワイへ輸送された貨物からは検疫でアルゼンチンアリが頻繁に発見されていることから、このルートでメガコロニーが拡散したと考えられる（1940年）。

オーストラリアでは現在東海岸（メルボルンなど）、西海岸（パースなど）の温帯域にアルゼンチンアリが分布しているが、アルゼンチンアリのスーパーコロニーは1種類のみで、メガコロニーの一部である。同国でアルゼンチンアリが最初に見つかった1939年当時の主な貿易相手国がイギリスおよびヨーロッパ諸国だったことから、オーストラリアのスーパーコロニーはヨーロピアン・メインから派生したものと推定される。

また、ニュージーランドではアルゼンチンアリの侵入が1990年に確認されているが、スーパーコロニーはメガコロニー1種類のみで、オーストラリアからの輸入品の検疫でアルゼンチンアリが多く記録されていたということから、オーストラリアから持ち込まれたものと考えられている。よって、オセアニアへはヨーロッパからオーストラリア、オーストラリアからニュージーランドへとメガコロニーが拡散していったことになる。

そして、1993年には日本でアルゼンチンアリが確認されることになるが、すでにメガコロニーが世界各地へ拡散した後であり、その分布範囲のうちのどこから日本へ入ってきたのかを特定するのは困難である。むしろ、分布範囲のうち1箇所だけでなく複数箇所から侵入が起こった可能性が高い。

マイクロサテライト多型解析という比較的解像度の高い遺伝子解析の結果からは、たとえばジャパニーズ・メインスーパーコロニーのうち兵庫県神戸市摩耶埠頭の個体群は他の生息地と遺伝的な違いがあり、港湾という環境からも、他の生息地とは別の海外起源地から侵入してきたことが疑われる。すでに根絶しているが筆者が神奈川県横浜港本牧埠頭で発見した個体群もジャパニーズ・メインであったことを確認しており、こちらも同スーパーコロニーの国内他生息地からの移動ではなく海外からの直接侵入であろう。

以上のようにメガコロニーが世界的に分布を拡げている一方、他のスーパーコロニーはそこまで顕著な拡大はしていない。その理由としてはメガコロニーが他のスーパーコロニーに先駆けて世界で最初に侵入を開始したことが挙げられる。ただしそれ以外にも、メガコロニーは他のスーパーコロニーと比べて餌として利用する資源が多様で、様々なニッチに柔軟に入り込める、といった特性も関係しているようである（Seko et al. 2021）。

最後に、メガコロニーの起源となった南米の祖先はどうなっているのだろうか。世界の主要な侵入地および原産地のアルゼンチンアリの遺伝子解析によると、ヨーロッパや北米をはじめとする侵入地の個体群の多くは南米のパラナ川南部、とくにロサリオの個体群と遺伝的に近いという。ロサリオは上で紹介した通りブエノスアイレスから２７０キロメートルほどパラナ川を上ったところに位置しており、19世紀後半にはブエノスアイレス港に匹敵する国際貿易の拠点だったため、ここからメガコロニーの祖先がマデイラ島へと運ばれていった可能性は十分に考えられる。

ロサリオ港周辺でメガコロニーの元になったスーパーコロニー（の末裔）が見つかるかもしれないと考え、２０１０年に渡航した際に調査を行ったが、港湾区域にはアルゼンチンアリが全くいなかった。もしかすると、競合する他種アリなどに排除されて消滅してしまったのかもしれない。そう考えると、メガコロニーは１７０年以上も自分たちのルーツを忘れまいと仲間同士の匂いを記憶しつづけているにもかかわらず、帰るべき本体を失って世界を彷徨い続けているように思えてはかない気持ちになる。

メガコロニーの行き着く先

世界を彷徨うメガコロニーは実際のところ今後どうなっていくのだろうか。まずは、国から国へ、そして一つの国の中の地域から地域へ、今後も人為的な移動が繰り返され、アジアの未開拓地をはじめさらに分布範囲が拡大することが予想される。しかしながら、より長い進化的な時間軸で考えた場合、第2章で述べたようにスーパーコロニー制は進化生物学的には働きアリにとってメリットがあるとはいえないという指摘があり、その点からはどうか。

スーパーコロニー内の利他行動が崩壊するメカニズムの例として、第2章ではスーパーコロニーの外部からオスがやってきて交配するとメンバー間の血縁度が低下していってしまうことを説明したが、アルゼンチンアリはこれを抑止する仕組みを持っているようである。具体的には、働きアリが他のスーパーコロニーから侵入してきたオスを識別でき、攻撃して排除するのである（Sunamura et al. 2011）。オスの体表炭化水素は働きアリとよく似ており、違うスーパーコロニー出身かどうか働きアリがかぎ分けられる。

また、アルゼンチンアリでは年に一度、巣内の女王の90パーセント以上が働きアリに殺されるという。この女王処刑は北米で1例だけ野外での観察記録があるが、筆者は日本でも複数年にわたりこの現象を目撃しており、（おそらく世界で初めて）写真撮影もしている。女王処刑は冬に行われ、寒空の下、働きアリが巣の外へ女王を引きずり出し、首に咬みついて殺す。その様子はさながらマリー・アントワネットのギロチン処刑である。遺伝子解析によると、働きアリは血縁度の低い女王を選んで殺しているらしい（Inoue et al. 2015）。他のスーパーコロニーのオスの排除だけでなく、女王処刑の仕組みによっても、スーパーコロニー内の血縁度が調整されることになる。

カースト制度というと、女王やオスといった繁殖カーストがえらく、労働カーストの働きアリが下位のようなイメージを何となく受けると思うが、実は働きアリが「推《お》し」の女王やオスをかなりシビアに選んでいるようだ。一見スーパーコロニー内の個体同士は分け隔てなく利他行動しあうように見えて、社会全体としての効率性を下げないまでも、じつはドロドロの人間関係ならぬアリ関係があるのかもしれない。そうであれば、アルゼンチンアリのスーパーコロニー制、ひいてはメガコロニーは、そう簡単には破綻しないかもしれない。

アルゼンチンアリの働きアリによる女王処刑。

《引用文献》

Blight O, Berville L, Vogel V et al.（2012）Variation in the level of aggression, chemical and genetic distance among three supercolonies of the Argentine ant in Europe. Molecular Ecology, 21: 4106–4121.

Giraud T, Pedersen JS, Keller L（2002）Evolution of supercolonies: the Argentine ants of southern Europe. Proceedings of the National Academy of Sciences of the United States of America, 99: 6075–6079.

Hayasaka D, Kato K, Hiraiwa MK, Kasai H, Osaki K, Aoki R, Sawahata T（2023）Undesirable dispersal via a river pathway of a single Argentine ant supercolony newly invading an inland urban area of Japan. Scientific Reports, 13: 21119.

Inoue MN, Sunamura E, Suhr EL, Ito F, Tatsuki S, Goka K（2013）Recent range expansion of the Argentine ant in Japan. Diversity and Distributions, 19: 29–37.

Inoue MN, Ito F, Goka K（2015）Queen execution increases relatedness among workers of the invasive Argentine ant, *Linepithema humile*. Ecology and Evolution, 5: 4098–4107.

マーク・W・モフェット著、山岡亮平、秋野順治監訳（２０１３）『アリたちとの大冒険——愛し

のスーパーアリを追い求めて』化学同人
Nakamaru M, Beppu Y, Tsuji K（2007）Does disturbance favor dispersal? An analysis of ant migration using the colony-based lattice model. Journal of Theoretical Biology, 248: 288–300.
Seko Y, Hashimoto K, Koba K, Hayasaka D, Sawahata T（2021）Intraspecific differences in the invasion success of the Argentine ant *Linepithema humile* Mayr are associated with diet breadth. Scientific Reports, 11: 2874.
杉山隆史（２０００）「アルゼンチンアリの日本への侵入」日本応用動物昆虫学会誌、４４：127–129.
Sunamura E, Hatsumi S, Karino S, Nishisue K, Terayama M, Kitade O, Tatsuki S（2009a）Four mutually incompatible Argentine ant supercolonies in Japan: inferring invasion history of introduced Argentine ants from their social structure. Biological Invasions, 11: 2329–2339.
Sunamura E, Espadaler X, Sakamoto H, Suzuki S, Terayama M, Tatsuki S（2009b）Intercontinental union of Argentine ants: behavioral relationships among introduced populations in Europe, North America, and Asia. Insectes Sociaux, 56: 143–147.
Sunamura E, Hoshizaki S, Sakamoto H, Fujii T, Nishisue K, Suzuki S, Terayama M, Ishikawa Y, Tatsuki S（2011）Workers select mates for queens: a possible mechanism of gene flow

restriction between supercolonies of the invasive Argentine ant. Naturwissenschaften, 98: 361–368.

寺山守、富岡康浩（2022）「侵略的外来生物アルゼンチンアリ 北海道で発見される」月刊むし、616: 59–61.

Tsutsui ND, Suarez AV, Grosberg RK（2003）Genetic diversity, asymmetrical aggression, and recognition in a widespread invasive species. Proceedings of the National Academy of Sciences of the United States of America, 100: 1078–1083.

van Wilgenburg E, Torres CW, Tsutsui ND（2010）The global expansion of a single ant supercolony. Evolutionary Applications, 3: 136–143.

Wetterer JK, Wetterer AL（2006）A disjunct Argentine ant metacolony in Macaronesia and southwestern Europe. Biological Invasions, 8: 1123–1129.

Wetterer JK, Wild AL, Suarez AV, Roura-Pascual N, Espadaler X（2009）Worldwide spread of the Argentine ant, *Linepithema humile*（Hymenoptera: Formicidae）. Myrmecological News, 12: 187–194.

第4章　アルゼンチンアリ海外見聞録

19世紀にアルゼンチンからマデイラ島経由でヨーロッパ本土へ、そして北米やオーストラリアへと人の移動に便乗して海を渡ったメガコロニー。一方、メガコロニーとは別のルーツをもつアフリカのアルゼンチンアリ。原産地とか、世界最古の侵入地マデイラ島ってどんなところ？　筆者は学生時代に現地調査を行ったほか、就職後も写真作家として再訪を含め世界の生息地をまわってアルゼンチンアリの生きざまを写してきた。この章では写真を多く掲載して読者の皆様にもアルゼンチンアリの聖地巡礼の旅を体験していただけたらと思う。

アルゼンチン

《分布》

この章まで来ると、アルゼンチンとその周辺国のパラナ川流域がアルゼンチンアリの原産地であることはもはや説明不要だろう。え、パラナ川なんて聞いたことない？　たしかに、日本からは地球の真裏にあたるアルゼンチンはなかなか日常なじみがなく、日本の高校教育までで習う南米の川の名前はアマゾン川とラプラタ川ぐらいだと思う。しかし、何

パラナ川は広大な川で、コンテナ船が行き来する。

を隠そう、パラナ川はこのうちラプラタ川水系で最大の川なのである。アルゼンチンアリ属の分類学者が論文中で明らかにした原産地におけるアルゼンチンアリの分布マップをみると、長さ1600キロメートル以上の範囲であることが分かる（Wild 2004）。

彼の論文によると、中南米にはアルゼンチンアリ属（*Linepithema*）のアリが19種類いて、どれも外見はよく似ており、小型でスレンダーな茶色いアリである。分類学者でないと識別は難しく、1990年代でもアルゼンチンアリの近縁種をアルゼンチンアリと間違って書いてしまった論文もあるほどである。

ちなみにこの間違った論文は面白く、アルゼンチンアリ（実際は間違いで、近縁種）の天敵となるノミバエが行列近くを飛んでいると、アルゼンチンアリ（の近縁種）がただちに行列移動をやめて巣ごもりし、天敵に寄生されるのを避けようとする、というもの。これが本当にアルゼンチンアリであれば、天敵としてノミバエを侵入地に導入するといった防除も考えられるような内容だったのだが。残念ながら、アルゼンチンアリに対して影響力の高い天敵は今日にいたるまで特定されていない。

《現地の研究状況》

アルゼンチンはあまり治安が良いとはいえない。また、公用語はスペイン語で、多くの日本人にはなじみがない。筆者はヘラクレスオオカブトなどかっこいい昆虫の多い中南米に行ける機会があったときに役立つからという理由で大学では第二外国語としてスペイン語を履修していたが、結局そこまで時間をさけず、しゃべれるのはウン・ポコ（スペイン語で「少しだけ」）である。スペイン語が分からないと現地情報をインターネットや文献で調べることもままならない。そのため、現地で調査を行うには、現地の研究者に協力・案内してもらう必要があった。

アルゼンチンにはアルゼンチンアリの研究で知られる研究者が何人かおり、以下の方々

パラナ川の河畔林。直近の氾濫により樹木は地際部が浸水してしまっている。

にご協力をいただけた。まず、USDA（アメリカ農務省）が南米に構えていた研究所のルイス・カルカテラさんやルシーラ・シフレットさん。彼らはアルゼンチンアリに限らず、ヒアリ類やコカミアリといった南米原産の著名な外来種（アルゼンチンでは在来種）、ハキリアリなどの生態学的な研究などを行っている。そして、ブエノスアイレス大学のロクサナ（ロキシー）・ジョセンスさん。彼女はアルゼンチンアリについて生理学的な研究や防除方法の開発を行っている。侵入地で猛威をふるう外来種が、原産地では特別な害虫でなく普通種であるというのはよくあることで、アルゼンチンにおけるアルゼンチンアリも特別な害虫ではないが、市街地で幅をきかせている種の一つではある。首都ブエノスアイレス市でも特に近年、家屋侵入などの問題が増えてきているということで、防除のニーズがあるそうだ。

《アルゼンチンアリの故郷》

アルゼンチンへは、都合3回渡航している。1回目は2010年のことで、大学院生時代に、北海道大学の東正剛先生（第2章で登場したエゾアカヤマアリのスーパーコロニーを発見した先生）と、東京大学の研究室の先輩で、当時東先生の研究室にポスドクとして勤めていた坂本洋典さんがヒアリやアルゼンチンアリの調査に行くのに一部同行させていただいた。前述のルイスさん、ルシーラさんが現地を案内してくれ、第3章で書いた原産地のスーパーコロニーの調査ができた。特に、サラテはアルゼンチンアリという種が進化の過程で誕生した原風景に限りなく近い環境なので、詳しく紹介したい。

サラテは首都ブエノスアイレス市の北西約80キロメートルに位置する町で、パラナ川の川辺にキャンプ場があり、若干人の手は加わっているものの自然度が高い。訪れたのは3月で、現地（南半球）の秋に当たり、気持ちの良い気候である。ルイスさんの運転する車に乗せてもらい、アルゼンチン人のソウルドリンクであるマテ茶を回し飲みしながら現地に向かう。

マテ茶とは南米で飲まれるお茶で、苦味のある独特の味をしており、日本では２０１２年に日本コカ・コーラ社がペットボトル飲料として「太陽のマテ茶」を大きく売り出したが、あまり人気が出なかったのか、まだ販売はされているが自販機では見なくなった。アルゼンチン人はあまり野菜を食べないので、食物繊維はマテ茶でかなりの部分を摂っているそうだ。なお、現地では肉牛の畜産業が盛んで、牛肉が鶏肉より安く手に入るという、日本とは大きく異なる食事情である。

サラテのキャンプ場入口に着き、車を降りて草むらと河畔林《かはんりん》を抜けると、目の前に大きなパラナ川が広がった。川幅は５００メートルほどで、向こう岸ははるか先だ。アルゼンチンの国旗は水色と白色を基調としているが、まさにこの国旗のような水色の空、それと太陽をキラキラと映す水面、地表をおおう草木の緑が調和して美しく、悠然としている。遊歩道を歩いていくと、パラナ川の氾濫の後だったようで、河畔林の林床が水没しており、木々の幹が水面から立ち上がっていた。樹冠に光が遮られるので少し薄暗く、神秘的な風景だった。

《アルゼンチンアリの立ち位置》

陸の部分でアリを探し始めて最初に目に入ったのは、たしかハキリアリだったと思う。ハキリアリは植物の葉を切る習性にちなんで名前がついたアリのグループで、行列を作って樹木を登り、葉を数ミリ角に切り取って巣に持ち帰る。葉を何に使うかというと、ハキリアリの餌となる菌類を育てるのに使っている。ハキリアリの巣の中は菌園になっていて、葉の断片に菌類を植え付けると、菌が葉を分解して栄養源として生育する。ハキリアリは、人間以外では珍しい、農業をする生き物なのである（第2章で登場したキクイムシの仲間も菌を育てる）。ハキリアリの仲間は中南米に多く、自然系のテレビ番組や昆虫図鑑で紹介されることはしばしばあるが、緑色の葉の断片を運ぶ行列は、日本では生では見られない光景なので印象的であった。

ハキリアリ以外で、ヒアリ類もすぐ見つかった。おそらくクロヒアリという種だと思うが、黒っぽいヒアリの仲間のアリ塚ができており、その近くで、キャンプ場利用者が落としたと思われるスナック菓子に働きアリが群がっていた。これが原産地のヒアリかと感銘を受けた。

このような中で、アルゼンチンアリの細い行列がところどころで見つかった。樹幹をち

切り取った葉を運ぶハキリアリの仲間。

ょろちょろと登っていたり、地面を這っていたり、といった感じで、姿形は日本に侵入したアルゼンチンアリと同じだが、勢力がだいぶ控えめであった。行列が長距離続いている様子もなく、小さな集団が点在している印象だ。実際に、これらはそれぞれ別のスーパーコロニーであることも確かめられた（第3章参照）。

サラテの風景は美しかったが、そこに住む小さなアリたちにとっては、頻繁な川の氾濫に襲われる危険で過酷な環境であろう。氾濫に対して、ヒアリ類はコロニーのメンバーが集合してイカダを作り、陸地に漂着するまで水に浮かんで乗り切るという適応策を進化させている。

一方アルゼンチンアリは、ヒアリのようにアリ塚を作るのでなく、すぐに放棄できるような簡素な巣を作り、氾濫が来れば樹木の上などにすばやく逃げるように適応した。このようにアルゼンチンアリは、氾濫のたびに巣が水浸しになったりするパラナ川河川敷で、ハキリアリやヒアリ、コカミアリ（第1章参照）といった強力な競争相手と闘いながら、なんとか生き抜いてきたのである。そのことを、サラテでは肌で感じることができた。

《サラテへの再訪》

アルゼンチンにはその後、撮影のため2回1人旅している。2回目はサラテに移動する前に、ブエノスアイレスで首絞め強盗にあってしまい、スマホや現金を失うなどの問題が発生してサラテでじっくり撮影というわけにはいかなくなってしまった。その日はブエノスアイレス発着のバスで少し遠くに行っていたのだが、帰りのバスが遅れて市内でも治安の悪い区画を歩いて通ることになり、まずいな〜と思っていたが、やはり、背後から襲われて3人に羽交い絞めにされ、所持品を盗られた。ちなみに別の日にはケチャップすり（2人組のすりの1人がターゲットの背後からケチャップを服にかけて「服が汚れてますよ、ティッシュでふいてあげますよ」と親切を装って話しかけ、ターゲットが気をとられているうちにもう1人がすりを働く）にもあいそうになったが、気づいてかわした。

2015年2回目の渡航で首絞め強盗にあいながら何とかサラテにたどり着き、氾濫原に落ちていた木片の下で見つけたアルゼンチンアリの巣(上)。巣を暴いたため働きアリが幼虫を運んで避難しようとしている(下)。苦労して撮影したが、写真作品としては日本でも同じようなものが撮れそうなのが残念である。

3回目はそのリベンジで、2017年のゴールデンウィーク、現地の晩秋に渡航した。気温は低いがアルゼンチンアリは活動している時期だ。このときは3泊4日でサラテに張り付きがっつり撮影する計画だったが、今回も一筋縄ではいかなかった。パラナ川のほとりにある廃船の船室を利用したホテルに泊まったのだが、水辺で船内がジメジメしており、壁がさび続けて赤茶色にぼこぼこ膨らみ、鍾乳洞のようになっている。洗面台やシャワーから出てくる水は水道管がさびているため赤っぽい。床板のすきまからはきのこがニョキニョキと群生。ベッドは湿っており、シーツやブランケットはカビてうっすら黒ずんでいた。なんだか外にテントを張ってキャンプした方が良かったのではないかと感じてしまった。

しかし、売店で買えるアンブルゲサ（ハンバーガー）はなかなか美味く、また、近くにあるキャンプ場には現地の人たちがレジャー目的で訪れるので治安の問題もなく、アルゼンチンアリ探しに集中できた。アルゼンチンアリを見つけ出すのには少し苦労し、原産地らしい生態写真を撮るのにはさらに苦労したが、カイガラムシなどの甘露を求めて草本や低木を訪れる、雰囲気あるシーンに出会うことができた。

中でも、キジラミと思われる昆虫の甘露をなめに来ているところは興味深かった。キジラミが大量の甘露を排出していてアルゼンチンアリが小規模の行列を作って吸いに来てい

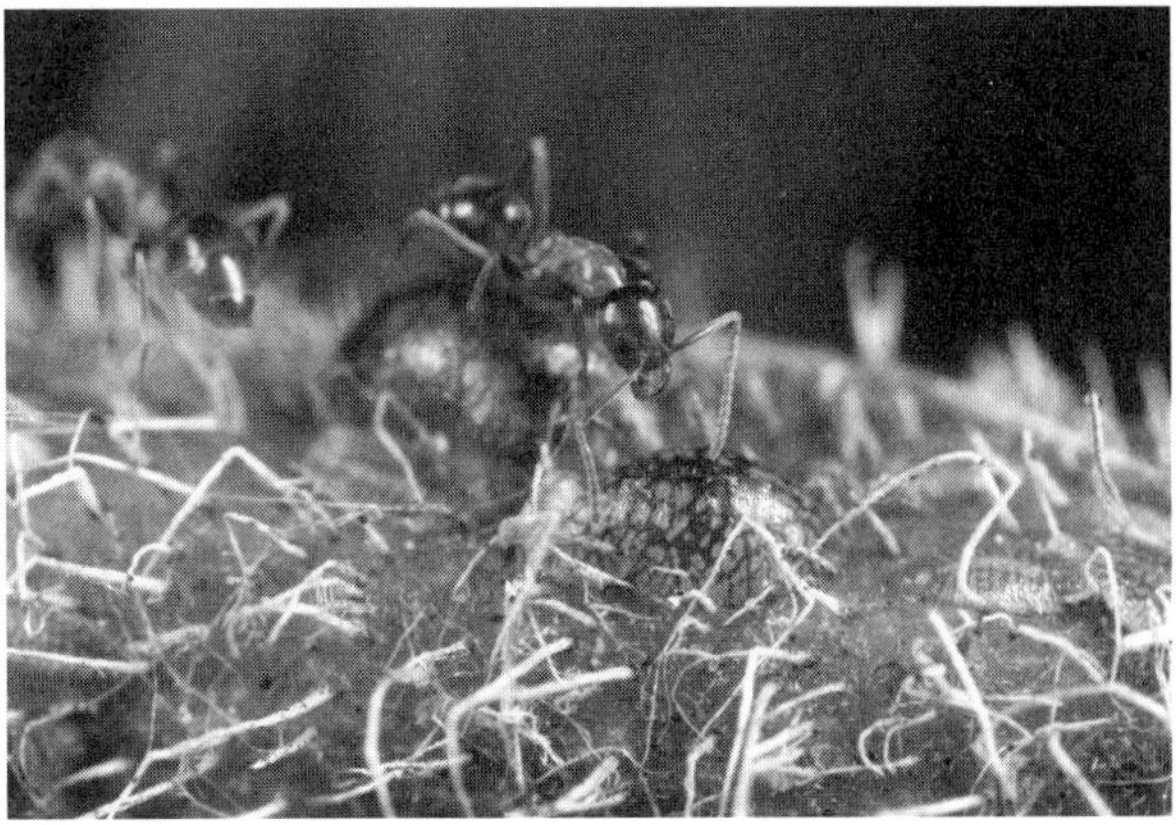

甘露をもらいにカイガラムシのところへやってきたアルゼンチンアリ。

るのだが、不思議なことにアルゼンチンアリはキジラミに触れるとあわてて逃げていく。甘露は好きでもキジラミ本体は苦手らしく、なかなか甘露に近づけないようなのである。虎穴に入らずんば虎子を得ず。果敢に挑戦しようとはしているのだが……。キジラミの方はアルゼンチンアリを共生相手として求めておらず、アリや天敵を忌避する化学物質を体表にまとっているのかもしれない。

《ブエノスアイレス市内》

2回目、3回目の渡航ではブエノスアイレス市内でも自分1人で行動したりブエノスアイレス大学のロキシーさんに案内してもらったりして（バスとの接触でロキシーさんの車のボンネッ

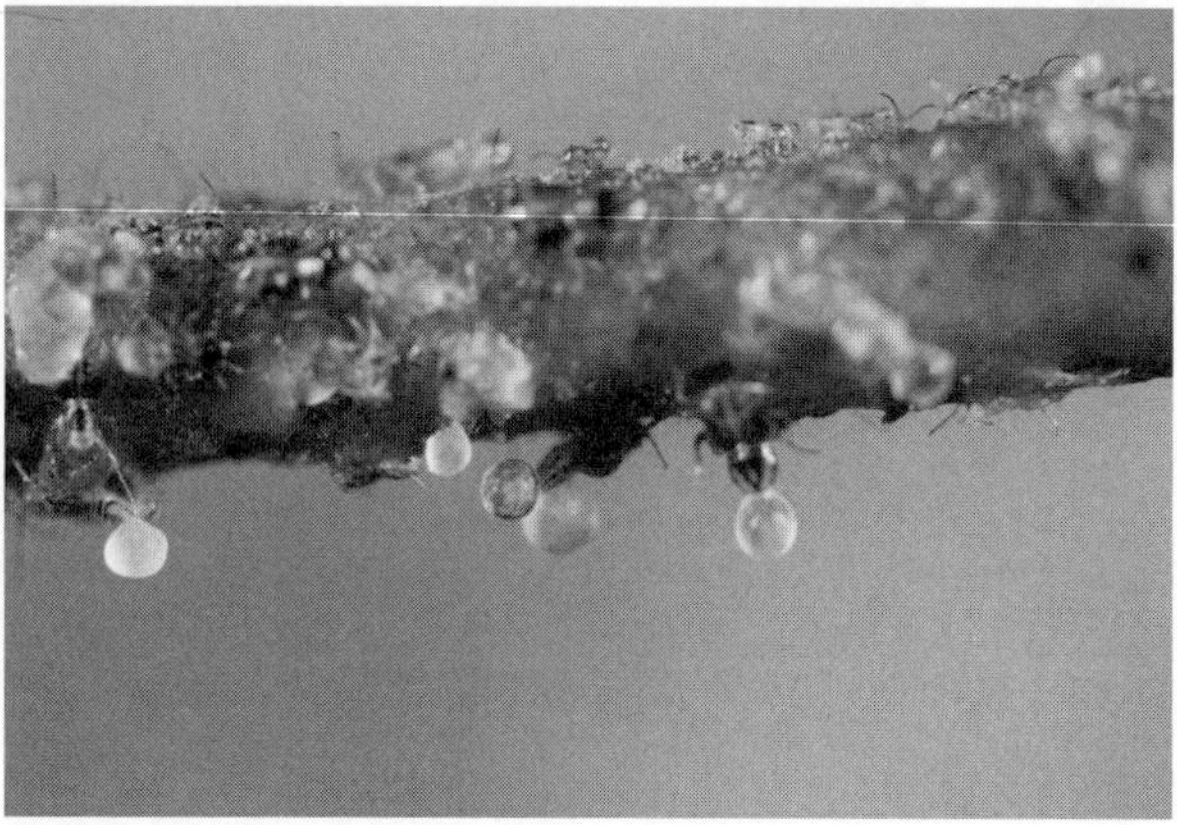
甘露の雫を大量に生産するキジラミ。

トが吹っ飛ぶ事故もあったが……）、アルゼンチンアリを多く観察できた。ブエノスアイレス市内は建物に落書きが大変多く、様々な色のペンキで塗られた壁面をアルゼンチンアリが歩く様子はここならではだった。割れ窓理論によれば落書きが多い地域はやはり治安が悪いらしいが、単なる落書きでなく、アリをモチーフにしたストリートアートもところどころに見られ興味を惹かれた。

マデイラ島

《歴史》

マデイラ島は大西洋のアフリカ北部のモロッコ沖に浮かぶマデイラ諸島のメインの島で、海

落書きのペンキ飛沫の飛び散った地面を行進するアルゼンチンアリの行列。

アリをモチーフにしたストリートアート。

岸線に沿って全周150キロメートルほどの大きさである。世界で最も古くにアルゼンチンアリが侵入した地で、研究者が世界各地の博物館標本などにもとづいてアルゼンチンアリの侵入年代を整理したところ、最も古い標本の記録が1847年から1858年の間にマデイラ島で採集されたものだったのである。第3章で書いたように、マデイラ島は当時、ポルトガルが南米の植民地から物資を輸送する際の重要な中継点になっていたため、南米からの貨物に紛れてアルゼンチンアリが持ち込まれたと考えられている。

マデイラ諸島にポルトガル人が入植を開始したのは1420年のことで、現在もポルトガルの自治州となっている。温暖な気候のためリゾートアイランドとなっており、近隣のヨーロッパ諸国から多くの人が訪れるため、観光産業が島の主要産業となっている。遠く離れた日本での知名度は低いが、特産品のマデイラワインは日本のスーパーでも売られており、「マデラ酒」、それをもとに作る「マデラソース」は料理のレシピなどで知られている。また、大航海時代の有名人コロンブスは航海の中継地や旅行先として（妻はマデイラ諸島ポルトサント島の領主の娘）何度もマデイラ島を訪れたことで知られる。加えて、現代の有名人では、サッカーのクリスチアーノ・ロナウド選手の故郷がマデイラ島である。

切り立った崖を眺め潮風を感じながらの調査は独特の雰囲気を味わえる。

《アルゼンチンアリは見つけにくい》

筆者はマデイラ島には２回渡航した。１回目は２００９年秋、大学院生のとき、スーパーコロニーの研究のサンプル採集のため後輩の鈴木俊君と訪れ、２回目は社会人になってから２０１６年のゴールデンウィークにアルゼンチンアリ撮影プロジェクトのため単身再訪した。１回目に泊まったホテルモンテカルロからの景色が気に入り７年を経て再泊したが、まだ同じスタッフがいてお互い相応に年をとっていたのが感慨深かった。

マデイラ島は離島ということもあってアルゼンチンアリについて詳しい調査研究は少ない。しかし、第３章で登場したフロリダのウェテラーさんが世界の島を旅してアリ類の分布や生態を調査する中で、マデイラ島におけるアルゼンチンアリの分布も調べて論文を発表している（Wetterer et al. 2007)。そこで、筆者がマデイラ島に渡航した際は2回とも、この論文をたよりにアルゼンチンアリがいたと報告のある町をバスでめぐった。

その結果として筆者がこの島のアルゼンチンアリに抱いたイメージは「神出鬼没」である。全体としてはマデイラ島の市街地で普通に見られるアリの一種には数えられると思うが、どこにでもいるわけではない。２００2年にいたとされる場所に数年後の２００９年に行っても全くいない場合がある。同様に、２００９年に大行列が観察できた場所を２０16年に再訪してもほとんど見つからないこともあった。これは、マデイラ島が亜熱帯性気候で、地中海性気候を好むアルゼンチンアリにとってやや暑いため、そして他の外来アリを含め亜熱帯性気候により適したアリ種が競合してくるため、と考えられた。マデイラ島はアルゼンチンアリが世界で最初に侵入した場所ではあるものの、なんとか世代を繋いでいる、という状況のようであった。

また、ウェテラーさんの論文によれば、アルゼンチンアリが見られるのは基本的に市街地や農地に限られ、島自体はユネスコ世界遺産の自然遺産に登録された照葉樹林など豊かな自然が多いが、それら自然生態系にはアルゼンチンアリは進出していないとのことであ

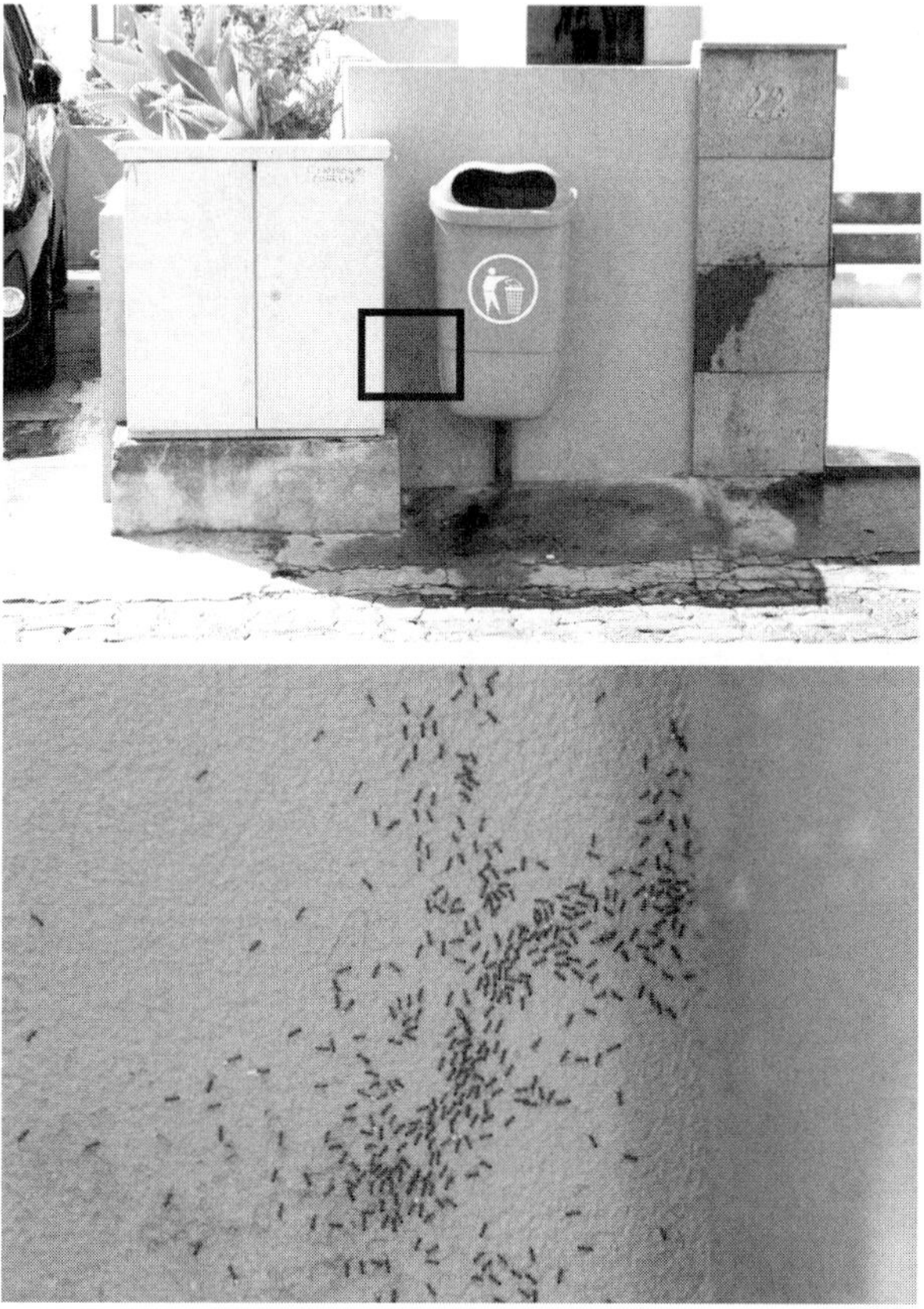

住宅前に設置されたゴミ箱（上）と、洗車により地面が水浸しになったためゴミ箱後ろの壁（上の写真の囲み部分）を登って避難するアルゼンチンアリ（下）。

る。その要因としては、競合する在来アリ類が強大なのではないかと考察されている。

《カマラ・デ・ロボスのアルゼンチンアリ》

ここでは2回目の渡航で観察したカマラ・デ・ロボスにおけるアルゼンチンアリの様子を紹介しよう。ここはマデイラ島の南海岸に位置する港町で、湾内にはカラフルな小舟がたくさん浮かびフォトジェニックである。休みの漁師のおじいさんたちがそこかしこでカードゲームに興じている様子も印象的だ。飼い犬や飼い猫も昼寝をしており、何とも開放的でのんびりした町である。筆者は撮影中にアルコールを摂取することは基本的にないが、ここではつい地ビールの「コラール」（うまい!!）や地カクテル「ポンシャ」をランチや休憩時に注文してしまった。

アルゼンチンアリはあちこちにおり、道路の縁石沿いなどで行列が見られた。中でも、一軒の住宅の手前に設置されたゴミ箱の脇に女王を含むおびただしい数のアルゼンチンアリの群れを見つけた。状況をよく観察すると、駐車スペースにて洗車が行われた直後で、地面が水浸しになっている。おそらくそこにアルゼンチンアリの巣があって、浸水したのであわてて壁を登ってゴミ箱まで避難しているのだろうと推察できた。

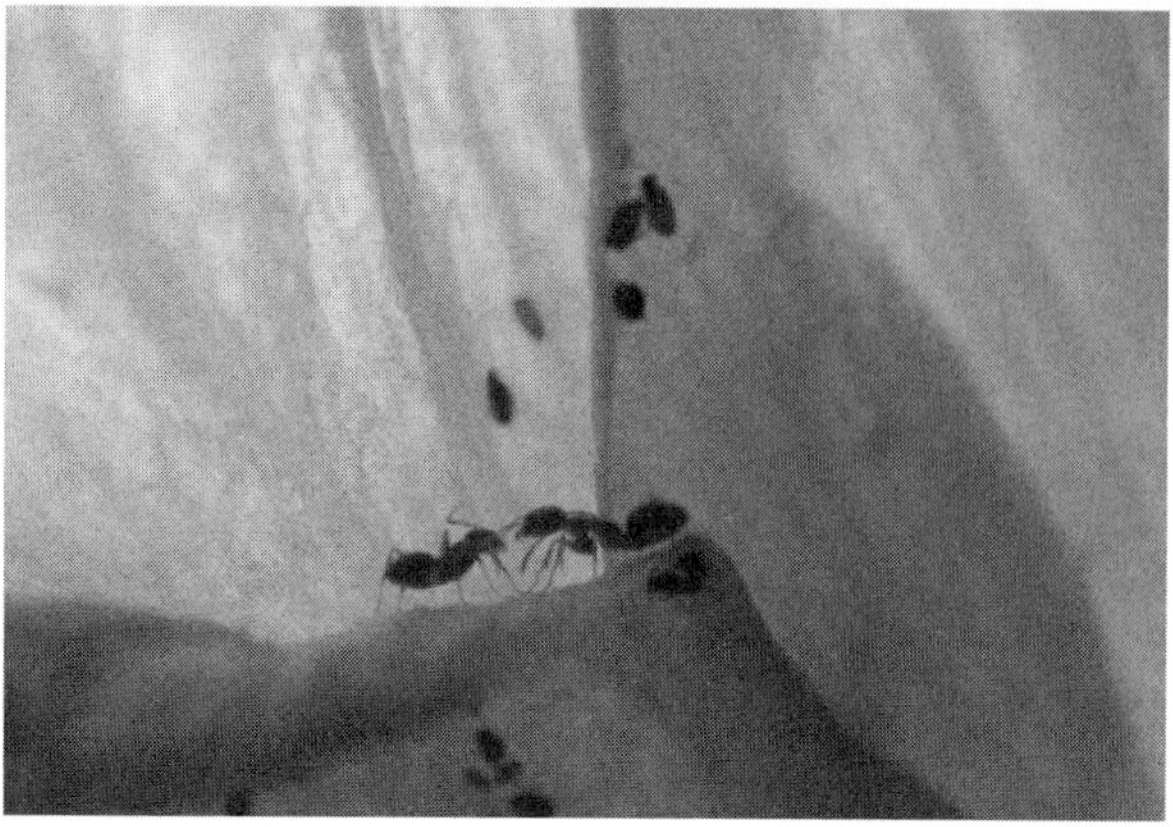

通りに植栽されたハイビスカスをよく見るとアブラムシが多数ついており、アルゼンチンアリが甘露をもらいに来ている。

また、すぐ近隣のお宅では地面にメモの切れ端が落ちており、アルゼンチンアリがその上を歩いていた。メモには何やら書かれており、当時、判読できなかったが、数年後調べなおして、「Besiktas（ベシクタシュ）」と書いてあるのだと分かった。これはトルコの強豪サッカーチームの名前で、メモ書きの詳しい目的は分からないが、なんともサッカーの盛んなマデイラ・ポルトガルらしい内容ではないか。さらに、植え込みには南国らしくハイビスカスが多数植栽されて美しいが、よく見ると、葉やつぼみ、花にアブラムシ、カイガラムシがびっしり付いている。アルゼンチンアリが甘露をもらいに来るところも観察され、アルゼンチンアリがアブラムシなどを増やしていることがうかがわれた。

《150年以上前のワイン》

島の特産であるマデイラワインは製造工程で酸化熟成をさせているため、超長期間保存・熟成できることで知られる。数十年以上熟成させたものはざらで、100年以上のものも入手可能である。筆者はぜひアルゼンチンアリがマデイラに侵入した1850年頃のマデイラワインを見たいと思い、東京の大塚にあるマデイラワイン専門のカフェ＆バー「レアンドロ」（1回目のマデイラ渡航後ときどきうかがっていた）の店主鈴木勝宏さんにうかがったところ、島最大の都市フンシャルにあるドリヴェイラスというワイナリーに行ってみることを薦められた。

ドリヴェイラスに行って事情を話すと、希望の年代のワインを詰めたボトルを持ってきてくれ、写真を撮らせてくれた。ちなみにお値段は720ミリリットルボトルで15万円弱で、150年以上も前のものであることを考えると決してバカ高くはないと思うが、残念ながら手が出なかった。いつか……とは思っている。

アルゼンチンアリが侵入した頃の1850年もののマデイラワイン。なお、樽のまま保存しているものを販売にあわせてボトルに詰めるようで、ボトル自体は新品である。

ヨーロッパ（ポルトガル・フランス）

《歴史》

ヨーロッパには地中海沿岸を中心にスペイン北西部からイタリアまで6000キロメートル以上にわたってアルゼンチンア

リが分布している。最初に侵入が確認されたのはポルトガルで、1890年代のことである。すでに述べたように、これは、ポルトガルが南米の植民地から物資を輸送する際の中継地点としてマデイラ島を経由しており、マデイラ島からアルゼンチンアリを持ち込んでしまったためと考えられる。その後、イタリアやフランスなどヨーロッパ各国へ飛び火している。

《ポルトガルの古都ポルト》

筆者はヨーロッパ本土ではポルトガルで最も古くにアルゼンチンアリが侵入したポルトをこれまで2度訪れている。2回とも、マデイラ島訪問にあわせての渡航である(ポルトーマデイラ間は飛行機で約2時間で移動できる)。ポルトはポルトガルでは首都リスボンに次ぐ第2の都市で、大航海時代から港町として栄えてきた。歴史的に重要な建築物が多く残り、町全体が世界遺産に登録されている。アズレージョという、白地に青色の絵柄の入ったタイルで美しく装飾された建物が特徴的だ。

アルゼンチンアリはポルトの街中のいたるところにおり、むしろ、見かけたアリは全てアルゼンチンアリであった。たとえば上記のアズレージョの隙間やひび割れに巣を作って

ポルトの風景。アルゼンチンアリに必要な水源としてドウロ川が流れている。

出入りしているところが観察できた（アズレージョ上を行進するアルゼンチンアリの大行列の写真をぜひ撮影したいと狙っていたが、残念ながら良い場面に出会えていない）。商店街のゴミ箱を設置している柱にも巣穴が見られ、定常的な餌場にしている様子がうかがわれた。誰かが落としたキャンディーに群がる様子や、地面に落ちたコガネムシを襲う様子なども目撃した。ホテル中庭に植えられたカンキツ類の樹木は、アルゼンチンアリがアブラムシを大増殖させ、スス病で黒くなっていた。

《フランスのカシ》

学生時代にポルトに行ったのは、そもそも外来種関係の国際学会がポルトで開催される

雨の日のポルトの商店街で、アリの置物が売られていた（上）。モチーフはアルゼンチンアリ？　そのすぐ近くの路上では本物のアルゼンチンアリがコガネムシを襲っていた（下）。

ためだった。その学会で、アルゼンチンアリを研究している同年代のフランス人研究者オリヴィエ・ブライトさん（彼も当時学生）と出会いディスカッションしたのが心に残っていた。彼らが南仏やコルシカ島をフィールドとして行ったアルゼンチンアリのスーパーコロニーについての研究は第３章に記した通りである。

２０１８年に結婚した筆者は、その年の9月に新婚旅行でパリ、バルセロナに行くことになったのだが、パリに行くのならぜひ南仏にも足を延ばしてアルゼンチンアリを見たいということで、行き先に加えることになった（ちなみに内陸のパリにアルゼンチンアリはいない）。オリヴィエさんに連絡をとり、現地情報を教えてもらうとともに滞在中１日案内をしてもらえることになった。

オリヴィエさんの地元に近いということで、マルセイユからローカル線で30分ほどのカシ（Cassis）という港町に行くことになった。カランクと呼ばれる白い断崖絶壁の入江とエメラルド色の海が美しく、小さな町だが観光地として人気があり、レストランなどの施設も多い。魚介のスープであるスープ・ド・ポワソンや、そこに具をたっぷり入れたブイヤベースはこの地方の料理だ。これらは地元のロゼワインと良く合い、カシにはワインを生産するためのブドウ畑が広がっている。ヨーロッパでは農薬使用の低減が進められ有機栽培に力が入れられているので、ブドウの樹上でアブラムシやカイガラムシを増やすアルゼンチンアリに対して強力な農薬を使用することができず、苦慮していそうである。

　現地でブドウ畑には行かなかったが、カシの街中を散策する間、うじゃうじゃというほどではないものの、アルゼンチンアリをそこかしこで見ることができた。ポルトと同様に、ゴミ箱の中をあさりにいくところなどが観察できた。ちなみに、フランスらしい食べ物ということで、露店でマカロンを買ってアルゼンチンアリの行列のそばに置いてみたところ、そこそこ群がって来たが、劇的というほどではなかった。アリは甘いものは好きだが砂糖水に比べ角砂糖のような固形の糖類は見向きもしないことがあり、マカロンは少し水気が足りないのかもしれない。

　カシの近くにあるオリヴィエさんの親戚の家のまわりにもいるということでお邪魔して、庭のいたるところに行列ができているのを見せてもらった。なんとなく、フランスの画家のモネが描く曲線のような軌跡の行列だった。

南仏の家の壁にできたアルゼンチンアリの行列。

マカロンを食すアルゼンチンアリ。

アメリカ（カリフォルニア・フロリダ・ハワイ）

《分布および研究の状況》

北米では南西部のカリフォルニア州沿岸一帯と、南東部のノースカロライナ〜テキサス州沿岸の一部にアルゼンチンアリが分布している。南東部の方が若干先に侵入しているが（ルイジアナ州1891年、カリフォルニア州1905年）、より広まっているのは南西部の方である。これは、南東部では最初に侵入したのが亜熱帯性気候の地域で、アルゼンチンアリにとってはやや暑いこと、亜熱帯により適合したヒアリなどの別の外来アリがその後侵入してアルゼンチンアリよりも優勢になっていることが原因として挙げられる。

カリフォルニアではアルゼンチンアリが重要な家屋害虫となっていることから防除方法の研究開発は世界で最も行われており、加えて、カリフォルニア大学では1990年代後半から2000年代にかけて非常に優秀な生態学者、進化生態学者を何人も輩出した。本書のキーワードにもなっているスーパーコロニーについても、彼らが先駆的な研究を行ったものである。南東部でも、ノースカロライナ大学を中心にアルゼンチンアリの研究が精力的に進められてきた。

また、北米大陸本土からは離れるが、アメリカ合衆国内ではハワイへもアルゼンチンアリが侵入を果たしている。マウイ島では銀剣草（ギンケンソウ）をはじめとした固有の生態系への影響の懸念から、国立公園の研究者らが対策研究を長く継続している。

筆者はこれまで南西部のカリフォルニア（サンディエゴとサンフランシスコ）、南東部ではフロリダ、その他にハワイでも視察経験があるので、以下その様子を紹介しよう。

《カリフォルニア》

カリフォルニアへは2016年10月のシルバーウィークに4泊でサンディエゴに撮影旅行、2018年6月に会社の出張でサンフランシスコに3泊している。統計資料によると、カリフォルニア州ではアリがナンバーワンの家屋害虫となっており、そのアリとは、基本的にはアルゼンチンアリである。筆者はサンディエゴで日系人のMさんが自宅を宿としてゲストを泊めてくれるビジネスをしているのをインターネット上で見つけ、もしかしたら実際に家でアルゼンチンアリの被害にあっている様子を見聞きできるのではないかという期待もあり、Mさん邸をベースとして活動させてもらうことにした。

Mさんは庭で家庭菜園をしており、アルゼンチンアリも普通に生息していた。ただ、家に侵入してくることはほとんどなく、特段困っているわけではないという。Mさん邸は比較的被害が少ない場所のようだ。周囲の住宅地を歩き回ったところ、アルゼンチンアリはうじゃうじゃというほどではないものの一帯におり、ハチやコオロギといった小昆虫の死骸に群がっているところを複数見かけた。Mさんが普段買い物に利用しているコストコ（現地では「コスコ」と発音）で害虫対策用商品のコーナーを見てみると、アリ用商品が多数そろっており、とくに、アメリカで最も有名なエアゾール殺虫剤Raid Ant & Roachはずらりと並んでいた。上記のようにアリはゴキブリをおさえて最も問題となる家屋害虫なので、商品名も、Ant（アリ）が先で、Roach（ゴキブリ）は二の次である。

バスに乗って、カリフォルニアの研究者がよく採集に行っていると文献情報のあるサンディエゴ北部のラホヤビーチに行ってみた。このビーチは観光地として有名のようで、多くの水着姿の人たちでにぎわっていた。ビーチの歩道に沿って観察すると、縁石上をアルゼンチンアリの行列がたえまなく続いていた。植え込みの雑草にはアブラムシが付いており、そこにアルゼンチンアリが甘露をもらいに来ていた。また、ところどころに設置されたゴミ箱をのぞくと、中へとアルゼンチンアリが餌をとりに来ていた。

また、別の日にはサンディエゴ南部でメキシコとの国境に比較的近いオールドタウンに

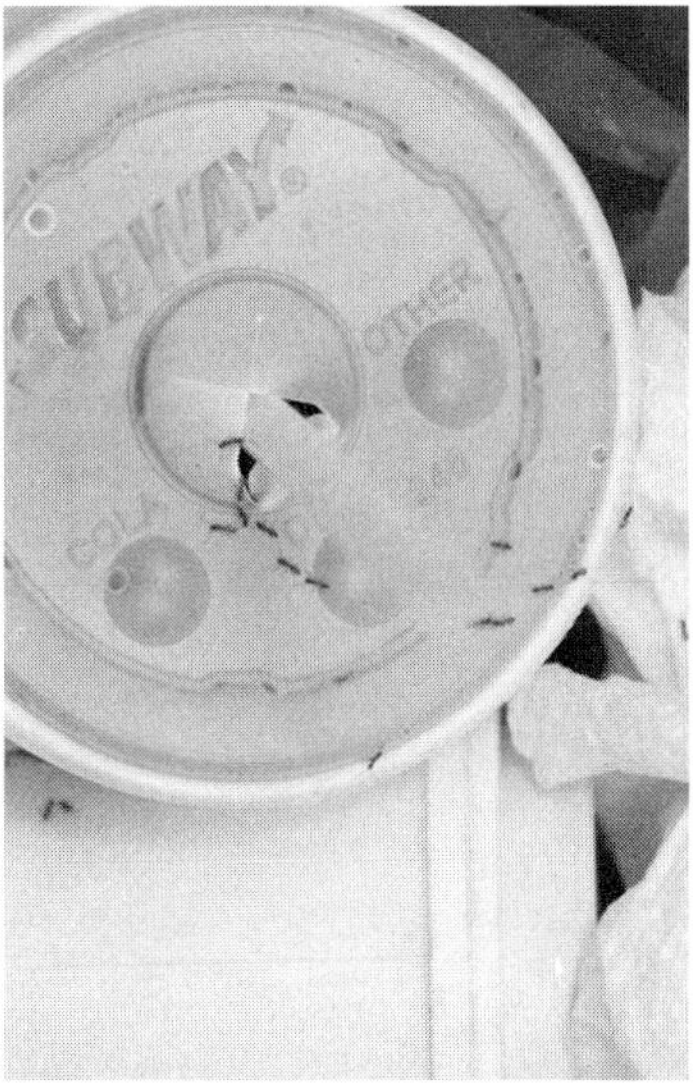

ラホヤビーチのゴミ箱では、日本にもあるチェーン店のドリンクの飲み残しにアルゼンチンアリがやってきていた。同じような光景が日本でも見られそうな点が、外来種問題の本質である多様性の喪失を象徴している。

も行ってみた。ハロウィンと死者の日の時期だったことから、ここではラホヤビーチのゴミ箱と違って地域ならではの文化の特色を色濃く感じることができた。芝生の広場では高校生ぐらいの子たちがハロウィンの仮装をして盛り上がっていたが、その地面では、在来アリとアルゼンチンアリの戦いが繰り広げられていた。

その在来アリは、なんと、ヒアリの仲間のアカカミアリであった（第1章参照）。アカカミアリは北米原産なのである。形勢としてはアルゼンチンアリが個体数で優位にたっており、アルゼンチンアリ対日本の在来アリでも見られるように、数匹で1匹のアカカミアリを押さえつけた上でとどめを刺すという戦法をとっていた。数時間後に再度現場を訪れると、戦いは終息して、地面にはアカカミアリの

アカカミアリ（左の大型の個体）と戦うアルゼンチンアリ。

死骸が複数転がっていた。

サンフランシスコに出張した際は、現地に住んでいた経験のある日本人アリ研究者の吉村正志さんに「この地区にはアルゼンチンアリが一帯にいるのを見た」という情報をいただき、サンセット地区というゴールデンゲートブリッジの付け根付近にあたる場所にわざわざ宿をとった（ビーチから美しい夕日を眺められるのが地区名の由来のようである）。幸運なことに土日をはさんだため、出張中とはいえ休日としてアルゼンチンアリ探索に没頭できた。吉村さんの事前情報通り、アルゼンチンアリは周囲一帯におり豊富に観察できた。

宿泊したホテルでも客室に出没する害があるらしく、清掃員さんがゴミを入れるカートをた

サンフランシスコの街路樹の幹上にできたアルゼンチンアリの行列。

またまのぞいたところ、アリ用ベイト剤のパッケージが入っていた。サンセット地区には住宅が多く、壁を緑や青、黄色、ピンクなど思い思いの色に塗ったかわいらしい家が並んでカラフルである。庭先や駐車場に目をやると、こうしたカラフルな壁面の上にアルゼンチンアリがちょろちょろと行列を作って歩いていた。また、街路樹がたくさん植栽されており、おそらく樹上のアブラムシ・カイガラムシ類に甘露をもらいに行っているのであろうアルゼンチンアリの行列があちこちで観察できた。

《フロリダ》
フロリダへは2016年9月末〜10月頭に

フライドチキンの骨にしゃぶりつくアルゼンチンアリ。

会社の出張で渡航した。フロリダを含むアメリカ南東部ではヒアリなども侵入しているためアルゼンチンアリの分布はところどころだという話をこの項の冒頭で書いたが、ゲインズビルという町はその最たる例で、なんと、あるスーパーマーケットの周辺にしかいないのである。そのスーパーの外構には駐車場やちょっとした公園のような休憩スペースがあり、そこではアルゼンチンアリが多数見られた。この地域では地面に赤色のウッドチップを敷くことが多いらしく、アリの写真を撮っていて他の国や地域とは少し背景が違って見えた。

他に文化的な面でとくに面白かったのは、フライドチキンの骨があちこちに落ちていることで、おそらく現地の人々にとってフライドチキンを食べ歩きするのが日常的なのだろう。アルゼンチンアリはこれらフライドチキンをしっかり見つけて食べにきていた。敷地内にはヒアリも生息しており、ヒアリに占拠されたフライドチキンもあった。日本の公園で子供たちがハトに餌をあげているのと同じかそれ以上の頻度で、ゲインズビルの人たちは知らず知らずのうちにフライドチキンでアリに餌付けをしているようだ。フライドチキンの餌付けがなくなったらアルゼンチンアリは根絶されるかもしれない。

《ハワイ》

学生時代に初めて行った海外調査がハワイのマウイ島だった。国立環境研究所の五箇公一先生がアルゼンチンアリを含め外来アリの遺伝子解析のためのサンプリングをしに行くということでお誘いをいただき、同行させていただいた（後出のオーストラリアへの1回目の渡航も五箇先生らに同行させていただいての調査）。海外旅行に行かない人にとっては、ハワイといえば「オアフ島」「ホノルル」ぐらいのイメージしかないかもしれないが、マウイ島は、ハワイ諸島で2番目に大きい島である。

ハワイ諸島は約500万年前に海底から溶岩が噴き出したことにより形成されたもので、

ハレアカラ火山山頂付近のアルゼンチンアリ生息地。

漂着した限られた分類群の生物が独自に進化することでユニークな生物相が形成された。元来、アリ類は全くいなかったのだが、現在までに約45種が侵入している。アカカミアリやコカミアリ、ツヤオオズアリ、アシナガキアリといった亜熱帯性の侵略的外来アリが低標高地に定着している一方で、より冷涼な高標高地の一部にはアルゼンチンアリが定着しており、最も高いところではハレアカラ火山の山頂付近（標高はなんと2725〜2859メートル！）に定着を果たしている。

山頂付近の地表は、灌木で10〜15パーセントが覆われている他は溶岩石が転がっている状況で、アルゼンチンアリの営巣場所になっている。石の下にはハワイ固有のクモ類が生息しているが、現地研究者のポール・クルシェルニツキーさんによるとアルゼンチンアリ侵入地内では捕食をうけ数を減らしているという。また、ハレアカラには飛翔能力がなくきわめて局地的な分布を示すゴミムシ類が生息しているが、これらもアルゼンチンアリ侵入地内で見られなくなっているそうである。

さらに、花粉媒介昆虫を駆逐することによる植物への被害も懸念されている。たとえばアルゼンチンアリの侵入エリアでは、*Agrotis*属のガの幼虫が捕食されてほとんどいなくなってしまう。また、地中に営巣するハナバチの仲間が、アルゼンチンアリが巣に入り込むことによって巣を放棄してしまい、侵入エリア内では巣がほとんど見られなくなってしまっている。

ギンケンソウ。©共同通信

これらの昆虫は成虫が花粉媒介者として非常に重要な役割を担っていて、ハレアカラに分布する植物の一部は花粉媒介昆虫の助けによる他家受粉が行われないと子孫を残すことができない。世界中でハレアカラの山頂付近にしか分布していない銀剣草《ギンケンソウ》の亜種はその最たる例で、このハレアカラの象徴ともいうべき植物がアルゼンチンアリの侵入によって間接的に（花粉媒介昆虫の排除によって）絶滅させられてしまうのではないかと現地では危機感をもってアルゼンチンアリ対策が進められている。

筆者は数時間現地を視察しただけなのでハレアカラにおける侵入状況の実態を詳しく把握したとは言い難いが、ポールさんに案内してもらって、石の下のアルゼンチンアリの巣を観察することができた。地表に目立った行列はなく、地表を歩くよりも石の下や石の隙間を移動しているのかもしれない。ポールさんらの防除の経過なども含め、いつかまた取材に行きたい。

オーストラリア

《分布》

オーストラリアでアルゼンチンアリの侵入が初めて確認されたのは、1939年東海岸ビクトリア州のメルボルン郊外においてである。その後2000年代初頭までに西オーストラリア州、ニューサウスウェールズ州、タスマニア州、南オーストラリア州、クイーンズランド州へと次々に飛び火した。

オーストラリアは農業国であり、農産物を外来種の被害から守るため、外来種対策や防除が熱心に取り組まれているが、それでも多くの外来アリが侵入している。たとえば世界の侵略的外来種ワースト100に含まれる種は全てそろっている。現在、オーストラリア北部から中部にかけての亜熱帯性気候地域には亜熱帯性の侵略的外来アリが多く、アルゼンチンアリは南部沿岸の地中海性気候地域を中心に見られる状況となっている。また、次の項目で詳しく触れるが、在来アリも比較的高い競争力をもっているようで、アルゼンチンアリの分布域でも在来アリがよく見られる。

《オーストラリアの在来アリ》

オーストラリアはコアラやカンガルーをはじめとする有袋《ゆうたい》類など固有の生物が多いことで有名だが、毒クラゲや毒ヘビ、イリエワニなど危険生物が多いことでも知られる。日本

ブルドッグアリの一種。©共同通信

に侵入して分布が広まり恐れられている毒グモのセアカゴケグモもオーストラリアが原産である（ただし元来おとなしいクモで、咬んでくるのは身の危険を感じたときのみ）。現地のアリも強力な毒針をもつ種や攻撃的な種が多く、アルゼンチンアリの侵入地では日本と異なり在来アリが比較的多くアルゼンチンアリと共存している。

代表的なのは、現地でグリーンヘッドアントと呼ばれている種（学名*Rhytidoponera metallica*）や、ミートアント（肉アリ）と呼ばれている種（学名*Iridomyrmex purpureus*）である。グリーンヘッドアントは頭部をはじめ体が美しいメタリックグリーンに輝く種だが、強力な毒針をもち、よく人間を刺す。肉アリはアリとしては比較的大型で体格が良く、集団の個体数も多く、昆虫などを襲って捕食する。攻撃性が強く、咬まれるとけっこう痛い。

また、第2章でも軽く触れたが、郊外の山林や路傍にはブルドッグアリの仲間が何種類もおり、体長最大4センチメートル近くと大型で、非常に強い毒針となわばり意識をもち、人間が近づくと後脚でピョンピョンとジャンプして体に登り刺してくる。アナフィラキシーショックによる死亡事例も毎年発生しており、現地で恐れられている。筆者も現地視察中にブルドッグアリがふわっと腕に跳び乗ってきたことがあり、即座に払ったため刺されずにすんだが、冷や汗をかいた経験がある。

《現地の状況》

筆者は東海岸のメルボルン（2008年と2016年の2回）と西海岸のパース（2016年）でアルゼンチンアリを視察した。市街地では、他の国と同様に、民家の庭先や公園のゴミ箱、プラタナスの街路樹で行列を作っている姿が観察できた。とくに、オーストラリアはイギリスの影響を強く受けているため庭にバラを植えている家が多いのだと思われるが、イバラが絡んだフェンス上をアルゼンチンアリの行列が行き来する様はこの国ならではの風景だった（ちなみにイギリスにアルゼンチンアリはいない）。

樹上にいるオレンジ色のヨコバイと、甘露をもらいに来たアルゼンチンアリ。

パースでは現地の専門家で外来アリ防除の経験豊富なマーク・ウィドマーさんに案内をしてもらえた。連れて行ってもらったのは比較的自然度の高い、郊外の河畔林である。マークさんとはもともと面識はなく、メールで連絡をとってその時はじめてお会いしたのだが、彼のアルゼンチンアリを見つける力には驚かされた。たとえば、一見アルゼンチンアリのいない水辺のイネ科植物があったのだが、その葉の付け根（葉《よう》鞘《しょう》）をめくったところにアブラムシが集団で付いていて、そこにアルゼンチンアリも甘露をもらいにやって来ているのを見せてくれた。

また、樹上にはオレンジ色の派手なヨコ

コーヒー店ANTZの前。砂糖水にむらがるアリのごとく（?）コーヒーを求める人だかりが出来ていた。

バイがいて、アブラムシと同様に甘露を出すのでアルゼンチンアリがやって来るのだが、通常、高い位置にいるので地面を歩いての探索ではなかなかお目にかかることはできない。しかし、このときは運よく台風かなにかで倒れたばかりの樹木をマークさんが見つけてくれて、オレンジ色のヨコバイとアルゼンチンアリを観察することができた。

ちなみに、ホテルと河畔林を往復する道中で、目を引くコーヒーショップを見つけた。その名も「ANTZ（アリ）」といい、世界各地からこだわりのコーヒー豆を仕入れているようで、テイクアウト中心でコーヒーを売っていたが、常に10人ぐらいの行列ができており人気だった（地面にアリの行列はできていなかったが）。すぐ近くに2号店「Antz Inya Pantz（お前のパンツにアリが入ってるぞ）」もあり、こちらは店内で飲食するカフェスタイルの店舗だが、やはり賑わっていた。店名がなぜANTZなのかは不明だが、現地で最普通種のアルゼンチンアリにインスパイアされたということはありえるかもしれない。

南アフリカ

《歴史》

ここまでメガコロニーの侵入の足跡を追う順で世界の各地域を紹介してきたが、最後に、メガコロニーとは別系統のアルゼンチンアリが侵入したアフリカについて書く。アフリカ大陸全体でみると、アルゼンチンアリの侵入範囲はまだ少ない。ただし、南アフリカ共和国（以下南アフリカ）では古くからアルゼンチンアリが侵入し、広まっている。

南アフリカはアフリカ大陸最南部に位置する国で、人口は様々な人種・民族からなる約6203万人である。政治面では、長く続いていた人種隔離政策アパルトヘイトが1991年に廃止され、本政策の撤廃に尽力した故ネルソン・マンデラ氏が1994年に初の黒人大統領に選出されたことなどで知られる。経済面では、アフリカ大陸内では3番目の経済規模で、主要都市として北部のプレトリアやヨハネスブルグ、最南端のケープタウン（喜望峰）などがあげられる。スポーツ面では、２０１０年サッカーワールドカップが開催されたこと、ラグビー強豪国であり２０１５年ワールドカップで日本代表と歴史的な試合をしたことなどは日本で大きな話題となった。

その南アフリカにアルゼンチンアリが侵入したのは１９００年代初頭のことで、ボーア戦争中に家畜飼料に紛れてアルゼンチンから持ち込まれたと考えられている。現在では、国の南部沿岸地域を中心に、内陸部も含め、市街地および自然環境の両方に進出している。詳しくは後述するが、アルゼンチンアリの侵入した南アフリカの自然環境は生物多様性の宝庫で、そこでの植物に対する影響は１９８０年代の古典的研究で指摘されて以来、学術的に有名であった。

しかしながら、それ以外では、アルゼンチンアリの研究者は非常に少なく、２０１０年頃になってステレンボッシュ大学の学生だったナターシャ・モタポさんが精力的に研究を行ってようやく現代的な学術研究の基盤が構築された。彼女の研究により、南アフリカからは2種類のスーパーコロニーが見つかり、メガコロニーとは別のものであることが分かっているので、南米から直接、他の侵入地とは別の由来の個体群が持ち込まれたという上記の仮説は本当らしい。

筆者はナターシャさんと2012年に韓国で開催された国際昆虫学会で知り合い、2014年に南アフリカへ行くことになったとき、案内をしてもらえることになった。

《市街地での様子》

2014年当時、会社員（かつ独身）だった筆者は年末年始の休みを利用して、12月20日から現地8泊で1回目の南アフリカ渡航を行った。南アフリカは南半球なので、この時期現地は夏にあたる。ナターシャさんが訪問を快諾してくれたこと、彼女のいるステレンボッシュはアルゼンチンアリが蔓延しそこかしこで観察できるということから、ステレンボッシュに行くことにした。

ステレンボッシュは国の南端に近いケープタウンから東に50キロぐらいのところに位置し、南アフリカで2番目に古い町である。ワイン生産地として世界的に有名で、主力ブドウ品種ピノタージュを生み出したのは、南アフリカ最古の大学かつアフリカ大陸有数の名門校であるステレンボッシュ大学である。ステレンボッシュへは、関西国際空港からカタ

ステレンボッシュに見られる伝統的なケープオランダ様式の建物。手前の街路樹のプラタナスでは幹上にアルゼンチンアリの行列が見られた。

ール航空を利用してドバイ経由でケープタウン国際空港に行き（乗り継ぎ含め30時間ほどかかる）、そこからタクシーで1時間ほどで到着した。なお、南アフリカは北部の一部地域をのぞいてマラリアの心配はないので、予防接種は不要であった。

ステレンボッシュはステレンボッシュ大学を擁する文教都市であり、ワイン産業が盛んで観光客も多いことから、町の中心区域は学生や観光客が安全に活動できるよう、警備員がいたるところに配置されている。100メートルに1人ぐらいは立っていたのではないだろうか。そのため、1人でアリ探しをしていても一定の安心感があった。現地の人たちは人懐っこく、自分たちの写真を撮ってくれと声をかけてきたカップルもいた。

アルゼンチンアリは市街地では最普通種となっており、町のどこでも見ることができた。たとえば街路樹のプラタナスの幹を登っていくところ（樹上のアブラムシ類のところへ甘露をもらいに行っているのだろう）、植木の花の蜜を吸いにいくところ、通りや公園に設置されたゴミ箱の中をあさりにいくところなどが観察された。ゴミ箱の中をのぞくと清涼飲料水のペットボトル、スイカの皮、フライドチキンの骨、コーンフレークの箱などが捨てられていたが、中でもアルゼンチンアリがびっしり群がっていたのはフライドチキンの骨だった。

宿泊したB&Bの庭にはアルゼンチンアリはいなかったが、ちょっと驚くところでアルゼンチンアリを見た。このB&Bにはディクシーという名の看板犬がおり、人懐こく近寄ってくるのだが、頬に黒い粒が付いていたので、岩国で飼い犬にアルゼンチンアリが咬みついて犬が鳴いた話を思い出し、もしやと思って見てみると、ディクシーに付いていたのはやはりアルゼンチンアリであった。体全体を見ると、足にも1匹アルゼンチンアリが咬みついたまま死んでいた。B&Bのオーナーにこのことを話すと、散歩中に咬みつかれたのではないかということであった。

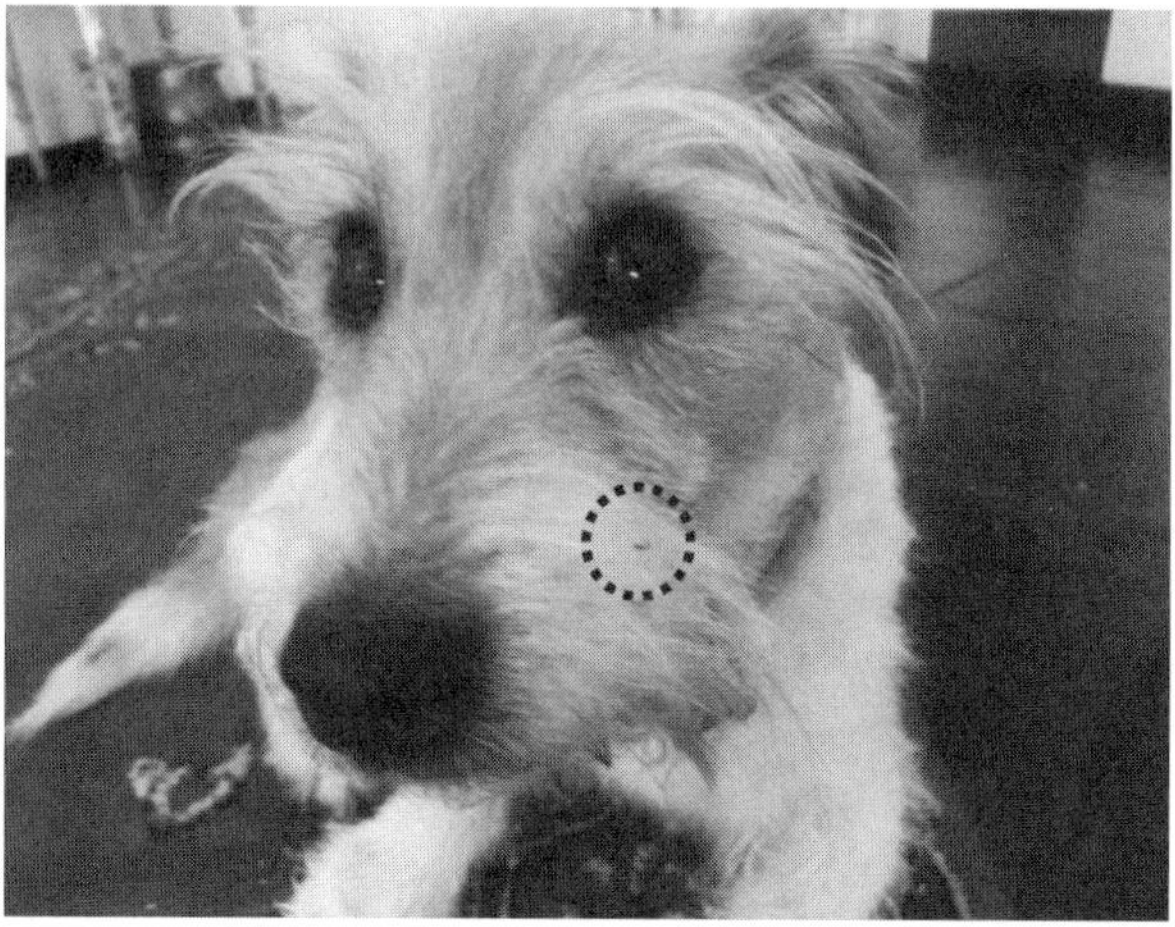

ディクシーの頬についたゴマ粒状のもの（点線で囲った）はアルゼンチンアリ。

飲食店の周囲でもアルゼンチンアリが行列をなしており、店の中でも悪さをしているものと想像された。実際に、滞在中、現地ではハイエンドで知られるレストランで食事をする機会があったが、テーブルクロスに黒い粒が二つ付いており、よく見ると両方ともアルゼンチンアリの死骸であった。ちなみに、現地のレストランではヴェニソン（そのときそのときで仕入れた野生動物の肉）のステーキを提供しているところが多く、筆者はシマウマとスプリングボックをいただいたが美味であった。

ナターシャさんが暮らすステレンボッシュ郊外のアパートもアルゼンチンアリ

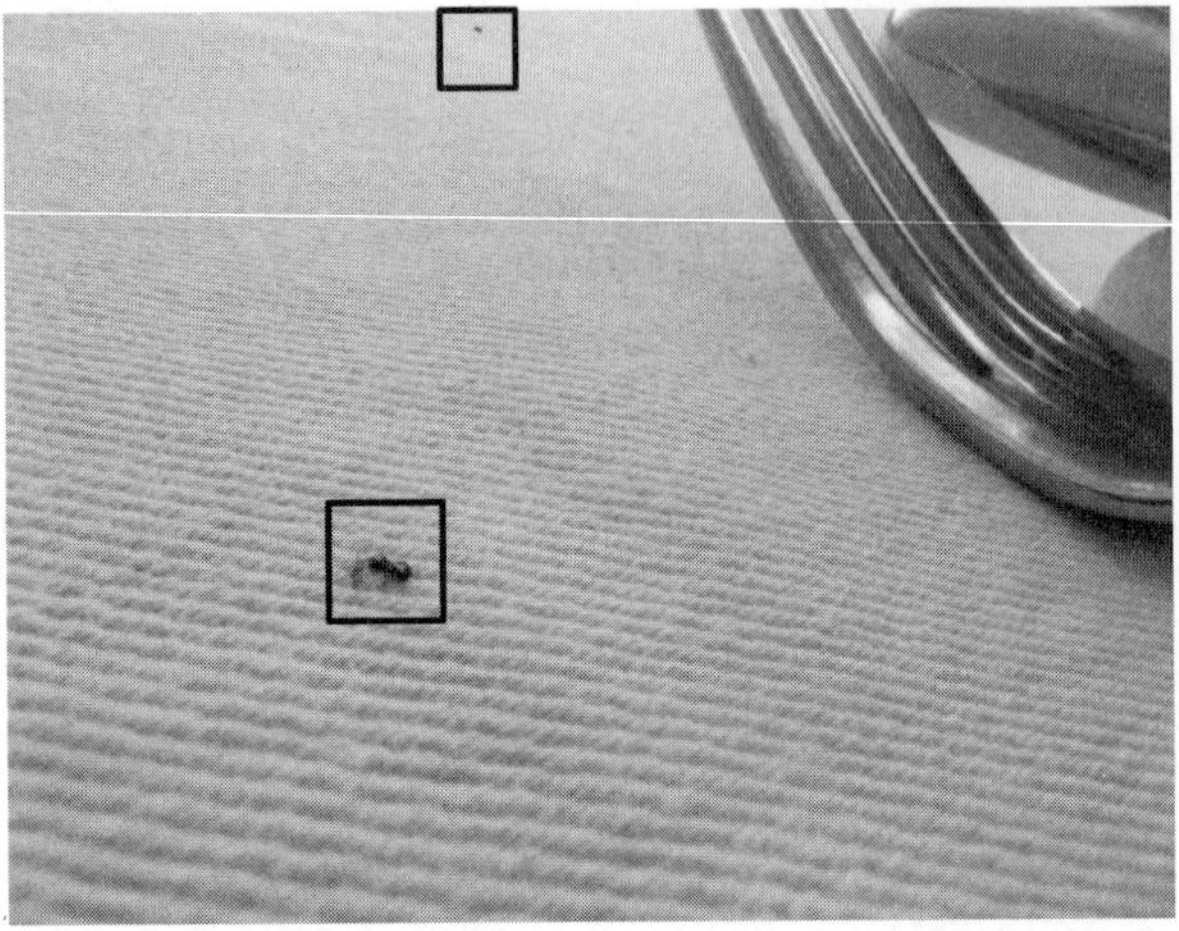

レストランのテーブルクロスに付いたアルゼンチンアリの死骸。2匹写っている（四角で囲った）。

に悩まされていた。アパートの外周の壁のまわりは完全に行列で包囲され、ゴミ置き場が格好の餌場になっていたほか、各家の中にも隙あらば侵入といった状態であった。ナターシャさんはアリの侵入経路となるドアや窓のサッシに殺虫剤を定期的に散布して侵入を防いでいるのだが、それをかいくぐって部屋に入ってきた個体を、0歳の息子のシンピウエ君が見つけてバシバシたたいて駆除している様子がなんともおかしかった。外来アリのプロである彼女の家がそのような状況なので、他の家庭ではもっと困った状況なのではないかと想像できる。

実際、現地のスーパーに行くと、アリ

ナターシャさんのアパート外壁を這うアルゼンチンアリの行列。この写真は動物写真誌「ライフスケープ」のフォトコンテストで入賞した。

のイラストが大きくフィーチャーされた殺虫スプレーが、殺虫剤コーナーの棚の一番見やすい高さのところにずらりと陳列されていた。これはＤｏｏｍ（ドゥーム）という商品で、アリの他ゴキブリなど地面を這う虫全般を対象としているが、ゴキブリのイラストはアリに隠れて小さく描かれていることから、アリの方がメインターゲットであることが読み取れる。ちなみにこのＤｏｏｍ、帰国後に日本でニュースに取り上げられていて驚いたことがある。

その内容は、２０１６年、南アフリカのリンポポ州にある教会で、預言者と自称する牧師が、罪を浄化する儀式として信徒たちの顔にＤｏｏｍを噴射した、製造元のタ

Doom（英語で滅亡の意）。

イガーブランドはこの儀式の中止を求めている、というもの。Ｄｏｏｍの有効成分はヒトにも刺激のあるピレスロイド系殺虫剤だと思うので、もし自分がかけられたらピリピリ痛そうな予感がする。

《生態系への影響》

南アフリカに来たからには、Bond & Slingsby（１９８４）によって論文発表されている自然環境への影響をぜひ観察したいと思っていたため、ナターシャさんに案内をお願いした。南アフリカの西ケープ州沿岸には、細い針状の葉を持つ灌木が生えたフィンボスと呼ばれる植生が広がっており、固有種を約５０００種含む生物多様性

ヨンカースフック国立公園のフィンボス。

のホットスポットとなっている。

フィンボスの植物の約30パーセントはアリ散布植物で、種子の分散をアリに頼っている。アリ散布植物の種子にはエライオソームといって脂質に富みアリを惹きつける付着物が付いている。そのためアリはこの種子を巣に持ち帰るのだが、食べるのはエライオソームだけで、種子本体は無傷のまま巣の中のゴミ置き場などに廃棄される。このようにして、アリ散布植物の種子はアリに運ばれて新しい環境へと分散するとともに、土中に運ばれてネズミなどの植食者に見つからず捕食をまぬがれることができる。

フィンボスでは本来、在来アリがこの種子散布を担っているのだが、アルゼンチンアリが在来アリを駆逐してしまうことで、種子散布がう

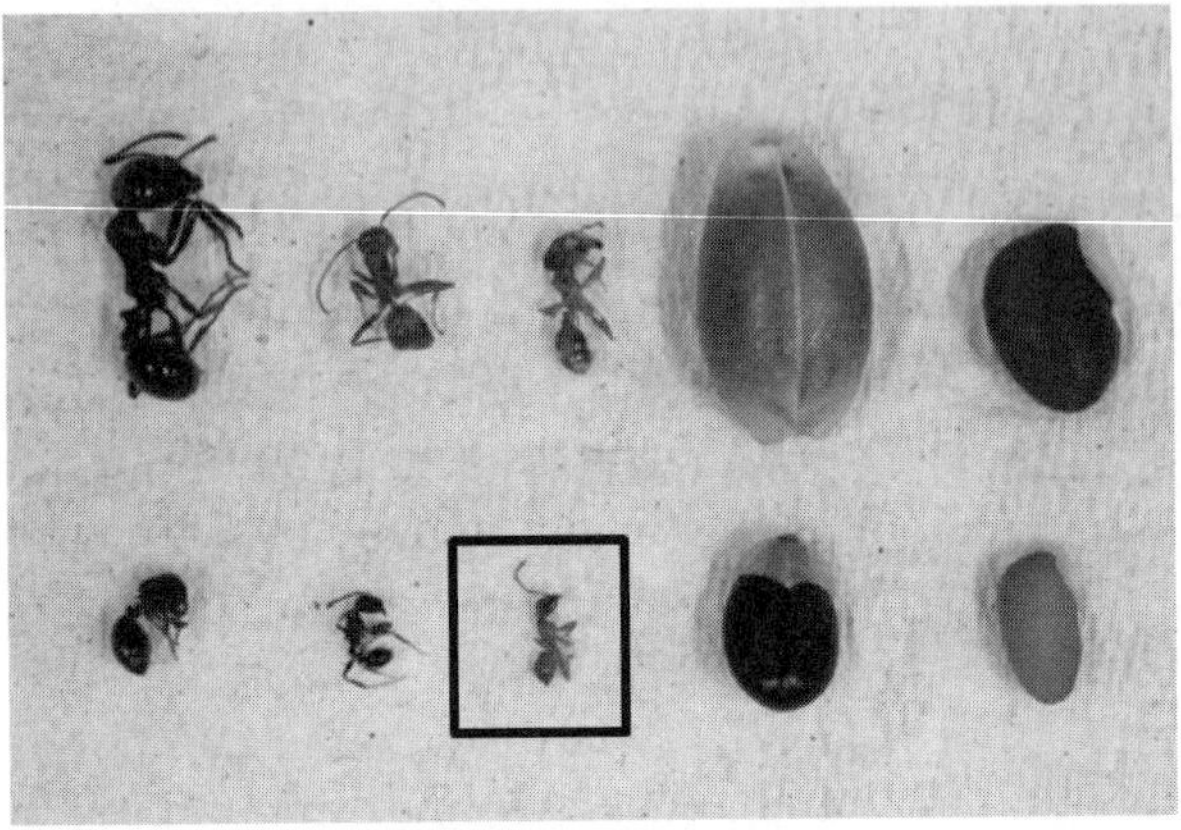
フィンボスの代表的な在来アリ5種とアルゼンチンアリ（四角で囲った)。右半分はアリ散布植物の種子。

まくいかなくなっているという。ナターシャさんに標本を見せてもらって納得したのだが、フィンボスのアリ散布植物の種子はアルゼンチンアリにとって重すぎ、巣へと運んでいくことができない。すぐに運ぶのをやめてしまうため、種子の分散距離は非常に短いし、地表に置かれたままになるのでネズミなどに食べられてしまうリスクが大きくなる。

さらに、最も深刻なのは、フィンボスは夏に乾燥し、落雷による山火事が頻繁に起こる。山火事が起こって一面丸焼けになっても、アリ散布植物は種子が在来アリによって土中に運び込まれていればそれが発芽して回復できるのだが、アルゼンチンアリが放置して野ざらしになった種子は焼失してしまい再生ができない。こうした事情から、フィンボスのアリ散布植物が危機にさらされている、というのが1984年の論文の内容である。ただ、ナターシャさんがいうには、山火事が起こるとアルゼンチンアリも巣が浅いため全滅し、フィンボスへの進出は一進一退な面もあるとのことであった。

ところで、フィンボスにはプロテアという属の植物が生えており、国花キングプロテアに代表されるように独特の大きな花を咲かせる。フィンボスの植物の83パーセントは昆虫の花粉媒介に依存しているとされ、アルゼンチンアリはハチ類などの花粉媒介昆虫を花から追い払ってしまうことで植物の受粉に悪影響を与えることが懸念されている(Lach 2007)。そこで、アルゼンチンアリがプロテアの花の蜜を吸いに来るところをぜひ見たいと思っていた。が、迂闊《うかつ》にもフィンボ

プロテアの花蜜を吸いに来たアルゼンチンアリ。

スで花が咲くシーズンは夏ではなく冬であるという事前情報を調べられておらず、目当てのシーンは見ることができなかったのである。非常に心残りだったので、筆者は翌2015年8月の盆休みを利用して、今度は現地の冬に南アフリカを再訪することにした。ナターシャさんのフィールドの一つであるサマーセットウエストというステレンボッシュから少し離れた町にあるヘルダーベルグ自然保護区のポイントを教えてもらって念願達成、様々な植物の花にアルゼンチンアリが蜜を求めてやってきているところを観察できた。観察した場所では在来アリがまだ見られたが、アルゼンチンアリと花蜜の取り合いになると負けてしまい、アルゼンチンアリが独占してしまうとのことであった。

ちなみに、フィンボスよりもさらに乾燥が進むとサバンナ地帯に入り、南アフリカはクルーガー国立公園をはじめライオンやヒョウ、バッファロー、ゾウ、サイといった野生動物の生息域が広がることでも有名だが、乾燥に弱いアルゼンチンアリはさすがにサバンナには進出していないようである。

なお、生態系への影響に関連して、南アフリカの在来アリは全てがアルゼンチンアリに駆逐されていなくなるわけではない。中にはアルゼンチンアリに耐性のあるものもいて、たとえば腹部末端（おしり）から防御物質を分泌してアルゼンチンアリを追い払うシリア

アルゼンチンアリ（右）に攻撃されて死んだふりをする在来アリ（左）。

ゲアリの仲間や、アルゼンチンアリに出会うと死んだふりをして難を逃れるアリがいる。そのため、アルゼンチンアリが多い場所でも、在来アリが多少は見られる。

《農地での様子》

ステレンボッシュ周辺はブドウ栽培・ワイン生産が盛んなので、アルゼンチンアリはブドウに付くアブラムシ、カイガラムシを保護して増やす点で農業害虫にもなっている。筆者もぜひブドウ園での様子は観察したいと思い、宿泊したB&Bのオーナーが主催するワイナリーツアーに参加してブドウ畑見学をしたり、ナターシャさんがふだん研究のフィールドや家族のピクニック

冬のブドウ園（上）と、石下に巣を作っていたアルゼンチンアリ（下）。
ブドウが葉を着ける季節になればアブラムシなどを増やしにいく。

で通っているブドウ畑を案内してもらったりしたが、ブドウ畑の脇の石の下に巣ができていてうじゃうじゃいる様子などは確認できたものの、ブドウの葉上でアブラムシを増やしているなどのこれぞという被害場面には残念ながら巡り会えていない。ふだんから農薬の散布をはじめしっかりと処理をしているからかもしれない。ティスティングに半分以上時間をとられ全力でアリを探せなかったからというのもあるかもしれないが。

南アフリカは魅力的な人、生態系、文化が根付いており、それらとアルゼンチンアリの相互作用の全体像を記録するには、まだまだ再訪が必要だ。これは他の国についても同様である。

《引用文献》

Bond W, Slingsby P (1984) Collapse of an ant-plant mutalism: the Argentine ant (*Iridomyrmex humilis*) and myrmecochorous Proteaceae. Ecology, 65: 1031–1037.

Lach L (2007) A mutualism with a native Membracid facilitates pollinator displacement by Argentine ants. Ecology, 88: 1994–2004.

Wetterer JK, Espadaler X, Wetterer AL, Aguin-Pombo D, Franquinho-Aguiar AM (2007) Ants

(Hymenoptera: Formicidae) of the Madeiran archipelago. Sociobiology, 49: 265–297.
Wild AL (2004) Taxonomy and distribution of the Argentine Ant, *Linepithema humile* (Hymenoptera: Formicidae). Annals of the Entomological Society of America, 97: 1204–1215.

第5章　驚異のアリとの付き合い方　駆除と共存への道

アルゼンチンアリは日本国内で広がりつづけている。これまで各地で防除事業が実施され、抑え込みに成功している地域もあるが、費用面や実施面の諸問題から全体としては拡散傾向にある。ヒアリやコカミアリも定着に向け侵入を繰り返している状況だ。我々はいずれは侵略的外来アリの蔓延を許してしまうのか？　本章では外来アリ防除の現状と問題点について具体的に説明するとともに、それら問題点を乗り越えるべく生まれたブレイクスルー、「ハイドロジェルベイト剤」を紹介する。本書刊行に間に合って良かった!!

侵入フェーズごとの外来種対策

具体的に外来アリへの対処方法の話をする前に、外来種の蔓延と被害を防止するためにはどうしたら良いか、俯瞰《ふかん》的な話を書いておこうと思う。外来種は侵入のフェーズによって対策が変わってくるので、まずは侵入のフェーズについて説明する。侵入にはまず、外来種が原産地から持ち運ばれてくる「導入」のフェーズがある。

導入のされ方には2通りがあり、一つは人間が利用を目的としてわざと持ち込む「意図的導入」である。たとえば、植物を園芸用に輸入することや、熱帯魚を観賞用に輸入することなどがこれに該当する。もう一つは人間が気づかないうちに持ち込んでしまう「非意図的導入」である。外来アリが観賞用植物のポットの土壌中に潜んでいたり、旅行者の靴の裏に土と一緒に微生物や植物の種子が付着していたりというのが例としてあげられる。

こうして導入された外来種が、その地になじんで自力で繁殖して居つくようになるフェーズのことを「定着」という（環境条件が生育に適さないなどの理由で定着できないものも多い）。そして、ひとたび定着した外来種は、対策がなされなければ、いずれ自力または人間活動などによって移動して分布を拡げる「拡散」のフェーズに入る。

外来種対策としては、そもそも導入を阻止できれば、その後の問題は発生しない。意図的導入については、侵入先で問題が生じるリスクの高い種の輸入や飼育を禁じるといった法的措置により導入を制限することができ、日本では外来生物法や植物防疫法などでこうした規制がなされている。

一方、膨大な物流のある中で非意図的導入を取り締まったり検知したりすることは難しいが、輸出入を行う国間での貨物消毒の取り決めや、リスクの高い導入ルートの特定と検疫の強化、といった対策が進められている。たとえば日本ではコンテナ内に潜んで導入されてくるヒアリを防除するため、ワサビ由来の揮発性成分を徐々に放出する製剤をコンテナに入れてヒアリをよせつけない、もし入ってきても殺虫するというユニークな技術が開発されており（Hashimoto et al. 2020）、ヒアリの主な侵入元である中国との間でコンテナ内へのワサビ製剤設置を促進するような取り決めが結べると良い。

導入予防対策をかいくぐって定着した個体群については、駆除を行う必要がある。定着の初期段階であれば、生息範囲が比較的せまく駆除しやすい。基本的に外来種は早期発見早期駆除がのぞましく、ある程度生息範囲が広まってしまうと根絶（完全駆除）が難しくなるとともに、防除にかかる費用も膨れ上がっていく。とくに、根絶できなかった場合は被害を抑えるために恒久的に費用が発生することになる。

早期発見のためには港湾などの侵入ハイリスク地域を行政や管理者などが定期的にモニタリングすること、拡散先である人間の生活環境においても一般市民が気にとめて監視役として機能することがのぞまれる。たとえばヒアリ対策では環境省・国交省が中国などとの定期コンテナ航路をもつ全国65港湾を対象とする年2回の調査などのモニタリングを実施している。一般市民の監視の目を増やすには、報道などによる外来種についての情報提供が効果的で、そうした普及活動も対策の一環として重要だ。

定着した個体群を実際に防除する手段としては、大きく分けて4種類のアプローチがある。農薬など化学物質を用いる化学的防除、天敵などを用いる生物的防除、物理的に殺虫

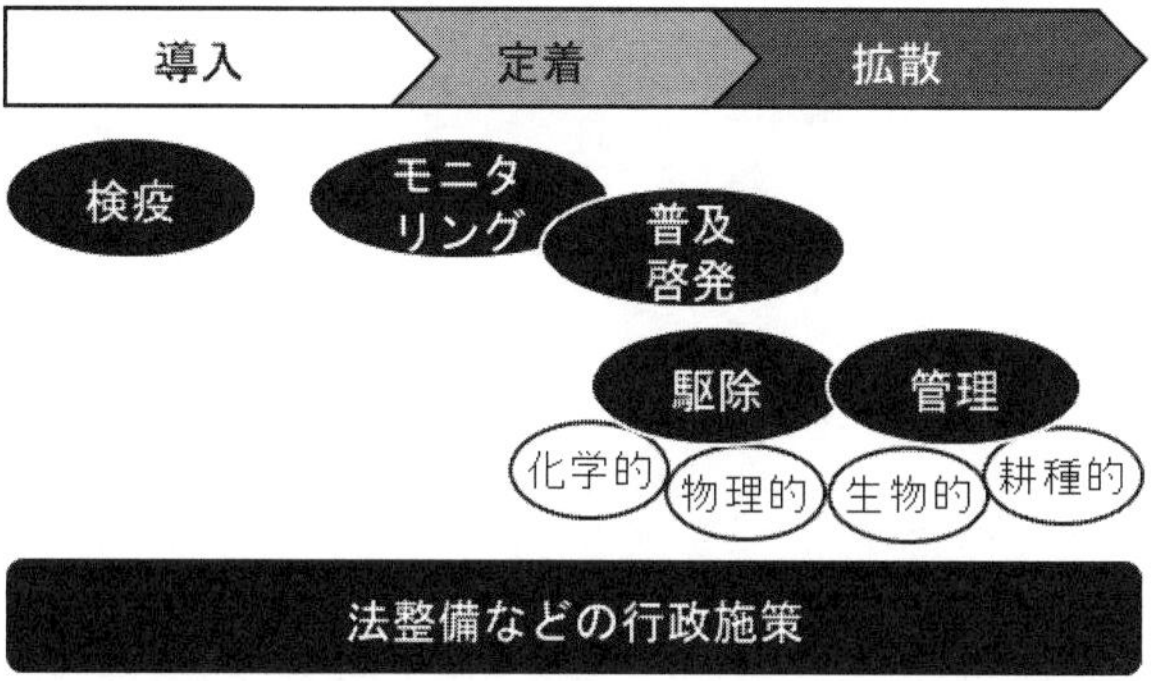

侵入フェーズごとの外来種対策。

したり生息環境を奪ったりする物理的防除、外来種に耐性のある作物や好まれない植物を植える耕種的防除、である。とくに新たな外来種が初めて侵入してきた場合は、その国や地域で効果的な防除手法が何かを検証したり、製品化したりする必要がある。定着した個体群の規模がすでに大きかったり、すでに各地へ拡散してしまったりして残念ながら根絶が難しい場合には、これら防除手段を利用して、被害を許容範囲に抑えるために個体数をある程度のレベルに管理することが現実的な対応策となる。

なお、導入を阻止するための法的措置が大事であると書いたが、定着や拡散の阻止、管理においても、通常勝手に立ち入れない民有地でモニタリングや防除をできるようにしたり、自治体の防除活動に予算を措置したりするための法整備も、外来種対策の重要な基盤となる。

たとえば欧米の外来カミキリムシの事例でいえば、被害が最初に発見されると周辺への立ち入りによる被害木の徹底的な探索、被害木の周囲1～2キロメートル程度の範囲での物資の移動の規制や、場合によってはカミキリの付く可能性のある全樹木の伐採処分といった強固な措置が可能となっている。日本の外来生物法はそこまでの強制力はないが、特に注目されたヒアリについては2023年4月に改正法が施行され、「要緊急対処特定外来生物」に指定の上、通関後の立ち入り検査や消毒・廃棄命令、移動禁止命令が可能となり、従来よりも強力な法規制がかかるようになった。

侵入に気づくには

本書では読者の実益にむすびつくよう、上述した対策の中でも、とくに監視の目の増加と、定着後の駆除について詳しく触れるのが良いと考えた。監視の目の増加とは、アルゼンチンアリはどんなアリか知っていただき、ご自身の周囲にいたら気づけるようになっていただくことを想定している。また、定着後の駆除方法については、すでにアルゼンチンアリの被害にお困りの方や、今後新たに侵入してきてしまった地域の方が即座に使える情報提供を想定している。

とはいえ、実はアルゼンチンアリを他のアリから簡単かつ確実に見分けることは難しい。なんといっても、アリは小さな生き物だからである。ざっくり認識しやすい特徴をあげれば、小さい（2・5ミリメートル）、茶色っぽい、歩くのが速い（在来アリの2倍程度）。すでにしっかり定着してしまっている個体群であれば、行列がちょろちょろでなく帯状、というのも特徴に加わる。しかし、在来アリでも同程度のサイズの種は多くいるし、色味や歩行速度、個体数についても相対的なもので、ふだんアリを見慣れている人でないと、どれぐらいがスタンダードか分かりかねるだろう。

アリの種を特定するには、顕微鏡で体の細かい部分を確認する必要がある。詳しくは日本産アリ類画像データベース（http://ant.miyakyo-u.ac.jp/J/Index/keys.html）や、朝倉書店から出ている『日本産アリ類図鑑』（寺山ら2014）の検索表を参照いただきたいが、本書でも、アルゼンチンアリを日本産の他のアリ類と識別するにはどこを見たらよいかを抜粋して図示しておく。

以前一般向けにアルゼンチンアリの講演をしたとき「研究者が簡単な見分け方をしっかり提示してくれないと困る」という趣旨のコメントをいただいたことがある。そのときは

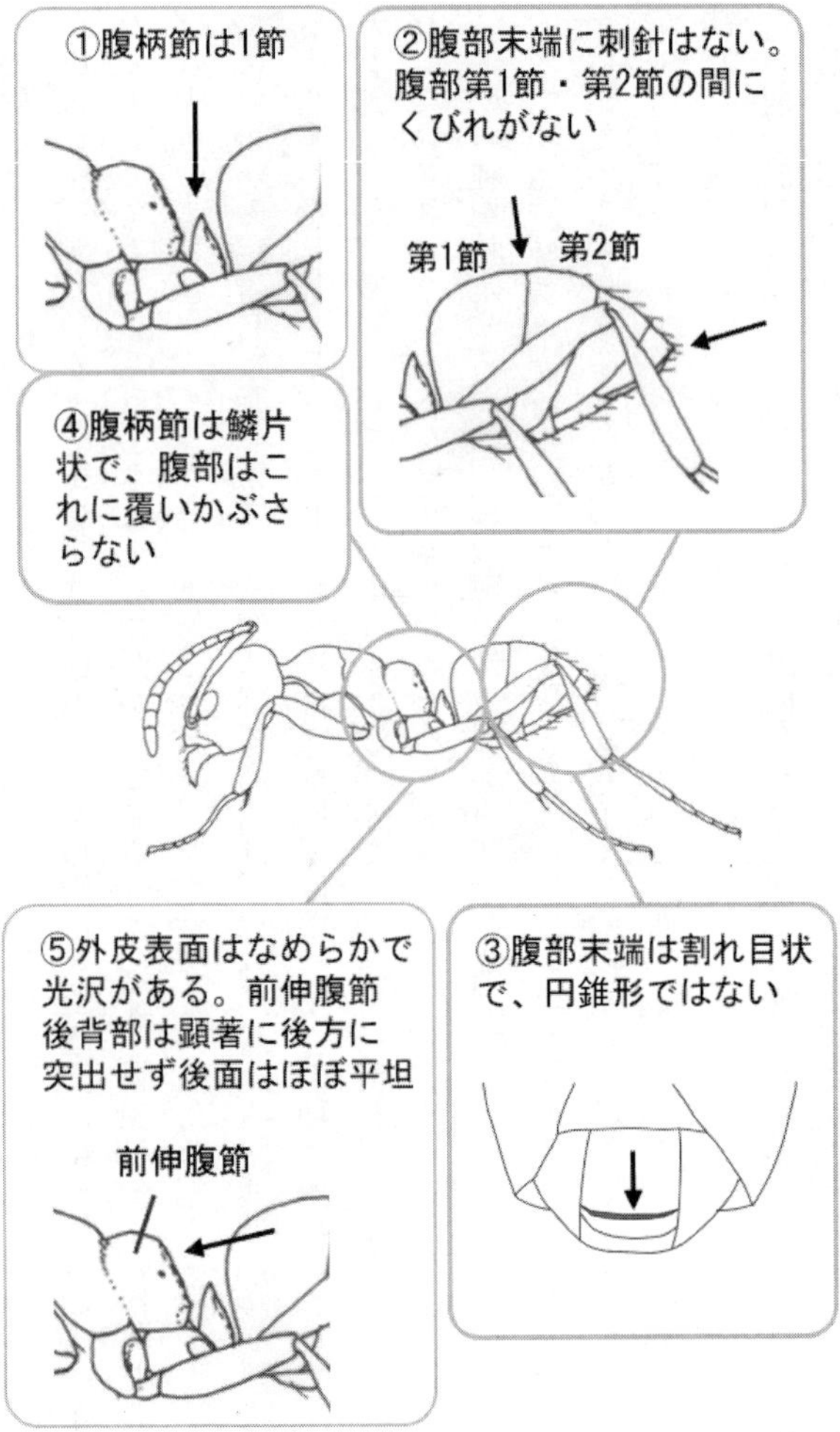

①腹柄節は1節
②腹部末端に刺針はない。腹部第1節・第2節の間にくびれがない
第1節
第2節
④腹柄節は鱗片状で、腹部はこれに覆いかぶさらない
⑤外皮表面はなめらかで光沢がある。前伸腹節後背部は顕著に後方に突出せず後面はほぼ平坦
前伸腹節
③腹部末端は割れ目状で、円錐形ではない

日本の在来アリとアルゼンチンアリを正確に見分けるポイント。①〜⑤の順に顕微鏡で確認していく。原図は寺山守先生提供。

「たしかに分かりづらいですよね、頑張ります」と回答したが、その後別の機会に別の先生が「一般の方も少しは意識を高めて勉強してくれないと困る」とおっしゃっていて、これもその通りと感じた。

アルゼンチンアリを20年近く見てきた筆者も、現場で肉眼で見ただけではアルゼンチンアリとは断定できず、サンプルを持ち帰って後で顕微鏡で必ず確認する。ちなみに、現場では上記の体のサイズなどの特徴以外に、体をつぶしたときの臭いもヒントにしている。アリは種類によって臭いが異なり、アルゼンチンアリの場合、ソラマメか、手の爪垢のような臭いがする（個人的な感想です）。

いずれ動画をもとにＡＩがある程度高い確率で判定してくれるようなアプリが出てきそうに思うが、読者の皆様におかれては、本文や図に示したアルゼンチンアリの特徴を参照いただければ幸いである。ちなみに、本格的にアリの種判別ができるようになるには、顕微鏡と『日本産アリ類図鑑』の検索表を入手して、庭や近所の公園で適当に採集したアリを検索表に従って調べるという練習を1〜数日行えば、だいたいコツがつかめてくると思う。

アリ類の防除ツール

ここからはいよいよ実質的な外来アリ駆除方法の説明に入っていきたい。化学的防除、生物的防除、物理的防除、耕種的防除の4種類のうち、最も効果的なのは化学的防除、つまり薬剤を使った方法である。これは外来アリのみならずアリ類全般にあてはまる。アリ類に使われる殺虫剤製品には主に以下の3タイプがある。

一つめはベイト剤(毒餌剤)で、遅効性の殺虫成分が入った寄せ餌である。アリにとって魅力的な餌の匂いなどでおびき寄せ、巣に持ち帰らせて女王を含めたコロニー全体にシェアさせた後で、殺虫成分が効き始め、コロニー全体を駆除する。アリは食べたものをお腹に貯め、お腹をすかせた巣の仲間に出会うと吐き戻して食べ物を分けてあげるという利他行動を行うのである(栄養交換という)。ベイト剤の長所は、コロニー全体を駆除できること、巣の場所が分からなくても問題ないことである。一方で短所もあり、アリの種類によって好みの餌が異なるので駆除したいアリの好みにあわないベイト剤を設置してしまうと見向きもされず効果がない。また、単価も比較的高い。

二つめは散布用液剤または粉剤で、これは殺虫成分ないしは虫よけ成分が入っており、建物の周囲などに散布して殺虫、侵入防止を図るものである。このタイプの製品の長所は、広い範囲を処理できること、製品によっては4週間以上など長期間効果が持続することである。日本ではベイト剤の方が主流だが、アリが最も深刻な都市害虫となっているアメリカではベイト剤以上に散布用液剤が使用されており、害虫駆除業者に処理してもらっている一般住宅も多い。短所としては、特に業務用でなく家庭用の製品に多いが、雨に流されて効果が失われること、処理むらがあってその隙間を通り抜けられると家屋侵入を防げないことが挙げられる。一方、業務用製品の場合、殺虫成分の種類や製剤の特性にもよるが、雨などですぐ効果が失われないよう高濃度に設定している場合が多いため、ベイト剤と比較して環境影響が大きいことが想定される。

三つめはエアゾールで、ゴキブリ用スプレーと同様、スプレー缶から殺虫剤を噴射して殺虫する。ハンディで使いたいところに持っていけるところ、即効性ですぐにアリを殺せるところが長所である。一方、家の中を徘徊《はいかい》するアリや食べ物にたかったアリにスプレーして殺虫しても、巣本体にはダメージがないのが短所である。何度も家の中に入って来る外来アリに対しては、殺しても殺しても「きりがない」という事態に陥りかねない。

化学的防除以外についても簡単に触れておくと、まず生物的防除については、第2章で紹介したように、アメリカ南東部に侵入したタウニーアメイロアリに微胞子虫を感染させて劇的な効果が得られた実績がある。しかしこれは特別上手くいった場合で、その他にも、アメリカに侵入したヒアリを対象に原産地から寄生バエの導入が行われた事例などがあるが、そこまでの効果は得られていない。

物理的防除や耕種的防除は重要で、たとえばアリが家の扉の隙間から侵入してきている場合やコンクリートの割れ目に巣を作っている場合、こうした隙間や割れ目を塞いでしまうのは効果的だ。また、庭先に鉢植えを多数置いている場合、土の中や鉢の下はアリにとって格好の営巣場所となる。アルゼンチンアリなどの外来アリがはびこっている地域であれば、鉢植えはなるべく減らすのが自宅周囲に住み着かせないための工夫となる。ただし、こうした取り組みは予防策として重要だが、アリを殺せるわけではない。

外来アリの防除体系と課題

世界各地で侵略的外来アリの根絶が試みられてきた。全てが文献として記録されているわけではないが、２０１６年に発表されたレビューによると、その時点で公表されていた文献をもとに集計した結果、侵入の初期段階の場所を中心に１４４件の成功事例があったということである（Hoffmann et al. 2016)。侵入の初期段階とはいえ、ある程度広い範囲

（たとえば家屋数十軒以上）にわたって定着してしまっている場合、その全てをくまなく散布用液剤で処理するのは費用面からも環境負荷の面からもファーストチョイスにはならない。そのため、防除ツールとしてはベイト剤の利用が中心となる（ただしベイト剤の選り好みが著しく、効果が不安定なハヤトゲフシアリは散布用液剤が中心）。

これまで数多くの（おそらく世界で一番）外来アリ根絶事業を経験してきたCSIRO（オーストラリア連邦科学産業研究機構）のベンジャミン（ベン）・ホフマンさんは、根絶事業を三つのステップに分けて考えて実践している（Hoffmann and O'Connor 2004）。また、3ステップを通じて七つの条件をクリアすることが外来アリの根絶を成功させる上で重要だとしている。

《外来アリ根絶事業の3ステップ》
ステップ1．スコーピング：生息範囲の正確な把握、事業に必要な予算と期間の見積もり
ステップ2．処理：生息範囲の外来アリがゼロを記録するまで薬剤処理等を行う
ステップ3．モニタリング：外来アリのゼロ記録を一定期間確認しつづけ根絶を確定

《外来アリ根絶成功のための7箇条》

1. 対象とする外来アリが防除可能な生態をもっていること
2. 対象とする外来アリが生息密度の低い状態でも発見可能であること
3. 根絶事業に十分な資源（人、物、お金、情報）を投入すること
4. 根絶事業の重要性について関係者全員のコンセンサス・承認が得られていること
5. 外来アリの再侵入を予防すること
6. 再侵入への抵抗力となるよう在来生物相を回復させること
7. 希少種などのいる場所では保護策をとること

日本では外来生物法により、国は特定外来生物対策の総合的な施策を策定・実施するとともに地方公共団体などの活動を支援する（防除事業に係る補助金の交付など）こととなっており、都道府県や市町村は実際の防除を行うこと、ないしは防除に努めることが義務づけられている（2022年5月の改正で責務規程が新設）。そのため、アルゼンチンアリの被害が大きく住民からの駆除ニーズの高い市町村などでは自治体が主体となって防除事業

が行われる（これはアルゼンチンアリに限らず外来アリ全般に当てはまるが、今のところ特定外来生物に指定されたアリで本土の住宅地などに定着して問題になっているのがアルゼンチンアリに限られるので、アルゼンチンアリの話として記述する）。

まだ定着範囲が小さく被害が顕在化していない場所では市民からの防除ニーズが低く優先度を上げづらい面もあるようだが、放置していればいずれ問題が顕在化し根絶も難しくなるので、早いうちに駆除に取り組むことがのぞましい。

自治体が防除事業に取り組む場合のために環境省では「アルゼンチンアリ防除の手引き」というマニュアルを整備しており、根絶を目指すにせよ、管理を目指すにせよ、一つのキーワードとして「一斉防除」というものが推奨されている（環境省２００９）。スーパーコロニー制のアルゼンチンアリに対して、個体群の一部のみを対象に薬剤処理をして駆除しても、処理されていない周囲の巣から補填されてすみやかに回復してしまう。そのため、地域一斉に薬剤処理を行って個体群全体にダメージを与えることによって、回復を遅らせ、根絶や管理がより効率的に達成できるようになる、というのが一斉防除の考え方である。このことを受けて、自治体による防除事業では、地域住民などにベイト剤を配布し、決められた日に一斉に自宅周辺に設置してもらうという形式のものが多い。

しかし、アルゼンチンアリの侵入地域に企業、住宅、公共施設、道路、河川など、管轄の異なる区域が多数含まれることも多く、生息範囲の全貌把握が困難であったり、一斉防除を実施するための調整が複雑であったりといった課題が生じ得る。加えて、住宅地においては全住民の理解・協力を得られない場合や、空き家の処理ができないといった場合もある。さらに、住宅地では不快害虫用としてベイト剤を使用できても、農地ではベイト剤の使用は合法ではない。農地では、農作物への薬剤残留などを防ぐため、農薬取締法に則って承認された農薬しか使用できず、決まった害虫に対し決まった用法用量で使用しなければならない。ちなみに、アリに対して使用できる農薬は日本には存在しない。こうした事情から、真に効果的な一斉防除を実施するには相当のハードルがあり、防除主体には強力なリーダーシップが求められる。

根絶が現実的でないと判断される場合には管理を目指すことになるが、恒久的に防除費用が発生することになるので、持続可能とするために、環境低負荷で、低コストの防除ツールが必要となり、現在のベイト剤や散布用液剤にはこれらの点で課題が残る。たとえば、アルゼンチンアリの侵入地域にお住まいの方から1か月に数千円〜1万円の薬剤費がかかっているという話を聞いたことは一度や二度ではないし、実際に、筆者らの試験研究でも民家の庭に6000円以上相当のベイト剤を設置しても夏場は効果が1か月もたなかった。

フェロモンでアリを操る技術

こうした課題を克服するため、世界でアルゼンチンアリの防除研究が行われ、最近10年ほどは研究者の夢物語に終わらず実用化に結びついている注目の新技術もある。

一つはアリが行列を作るのに道しるべフェロモンを使うという生態を逆手にとってアリの行動を操作する技術。アリは餌の運搬や巣の引越し、他のアリ種や他コロニーとのなわばり争いのために、行列をなして多数のコロニーメンバーを動員する。行列は道しるべフェロモンによって誘導される。たとえば餌の運搬の場合、巣外で餌を見つけた働きアリは、おしりの先から道しるべフェロモンを分泌し、それを地面に付けながら巣に帰る。すると、巣の仲間たちはその道しるべフェロモンをたどり、餌場へと向かう。アルゼンチンアリでは1980年頃の研究によって、(Z)-9-ヘキサデセナールという物質が道しるべフェロモン活性をもつことがわかっている。

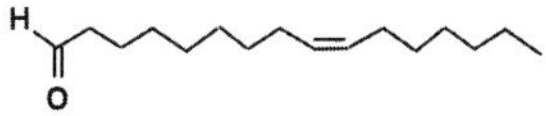

アルゼンチンアリの道しるべフェロモン成分 (Z)-9-ヘキサデセナールの構造式。

カリフォルニア大学リバーサイド校のドンワン・チェイさんらは、道しるベフェロモンが微量でアリを誘引する効果があることを利用して、人工的に合成した(Z)-9-ヘキサデセナールを有効成分としたアルゼンチンアリ誘引剤の実用化に成功した。この誘引剤の使い方としては、アルゼンチンアリをターゲットとしたベイト剤に配合して誘引力を増しベイト剤消費量を増やすとか、散布用液剤に添加して地面に処理することで、①局所的な処理でもそこへ誘引して殺せるようにする、②長時間処理面に引き留めてしっかり薬剤暴露させる、③薬剤の残留効果がなくならないうちに早期に効かす、といったことが可能である（Choe et al. 2014）。

じつはチェイさんらの研究は、筆者の大学時代の恩師である田付貞洋先生が2000年代に主導した研究が礎となっている。先生は大量の合成道しるベフェロモンをアルゼンチンアリ生息地に充満させればアルゼンチンアリが天然の道しるベフェロモンをたどるのを妨害できるのではないかと着想し、筆者のもう1人の恩師である寺山守先生とともに、行列攪乱によるユニークな防除技術を世界に先駆けて開発したのである。

筆者も途中からこの研究をお手伝いし、山口県岩国市黒磯の皆様の多大なるご協力をいただいた実地試験により、道しるベフェロモンには適量範囲があり、多すぎるとアルゼンチンアリは道しるべの正確な位置を把握できず、行列をたどれなくなることが分かった。

この行列攪乱によりアルゼンチンアリの餌とり効率を大幅に低下させられることが分かったほか、引越しをできなくさせることも示唆された（田付2014）。

フェロモンは対象の種にしか効果がなく環境毒性が低いため、行列攪乱法は海外の研究者やメーカーにも興味をもってもらえ検証が進んだが、残念ながら行列攪乱には大量の合成(Z)-9-ヘキサデセナールが必要なためコスト高となってしまい、実用化には至っていない。しかし、チェイさんにインスピレーションを与えたり、横浜港のアルゼンチンアリ根絶につながったりした。

横浜港での根絶事例

横浜港本牧埠頭A突堤では第3章で述べた通り2007年に関東で初めてアルゼンチンアリが確認された。田付先生のグループは本牧埠頭を管理する埠頭公社から依頼を受けて2008年から当地のアルゼンチンアリ防除に挑戦することになり、根絶を請け負うものではなかったが、上記岩国市での成果にもとづいて防除を推進し、最終的には根絶を達成した。

横浜港では、先に紹介した外来アリ根絶事業の3ステップの考え方と同様に、まずは2

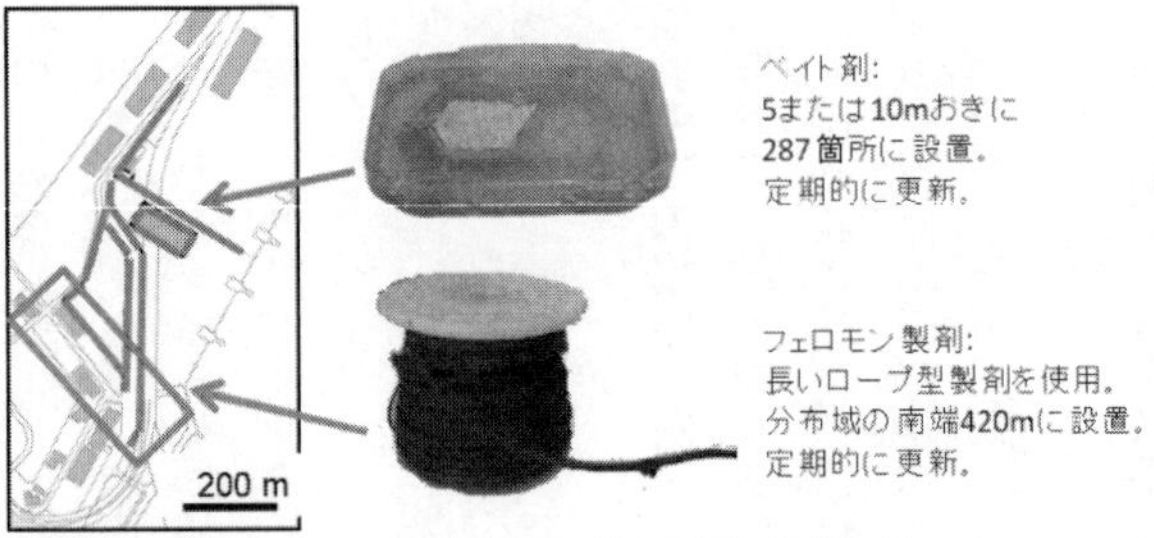
200 m
ベイト剤:
5または10mおきに
287箇所に設置。
定期的に更新。
フェロモン製剤:
長いロープ型製剤を使用。
分布域の南端420mに設置。
定期的に更新。
横浜港本牧埠頭のアルゼンチンアリ侵入範囲と防除方法。

００８年春に侵入範囲の調査を行った。道路沿いと、立ち入れる施設周辺を研究者数名で目視調査し、南北１キロメートル弱にわたってアルゼンチンアリを確認した。そこで４月から、確認された生息範囲にまんべんなくベイト剤（スーパーアリの巣コロリ、アース製薬株式会社）処理を開始した。このとき、北側は海なのでアルゼンチンアリが勢力拡大しても行き止まりになるが、南側の侵入最前線はどんどん下って拡がっていくことが懸念されたので、最前線４２０メートルへは合成道しるべフェロモン製剤（信越化学工業株式会社製）を併用処理することで、南側へ行列をなして移動することを防ぐいわば結界を張った。

　本牧埠頭Ａ突堤は地面がほぼコンクリートで覆われ、土が露出している場所は少ない。そのため、アルゼンチンアリが巣を作ったり餌を採ったりできるのは植え込みなどにほぼ限定され、ベイト剤の効果はてきめんであった。ベイト剤を１

か月ごとに交換しながらアルゼンチンアリの生息状況も目視でモニタリングしたが、夏までに目に見えて個体数が減っていった。

しかし、8月に突如として1箇所個体数が増えた地点があり、モニタリングしていた道路のフェンスの向こうにある建物周囲からやってきたものだと判明した。この建物は春の生息範囲調査の際に立ち入れなかった場所で、このような場所があると外来アリ根絶事業の1ステップ目を厳密に実行できず防除に支障があることを、このとき実感した。当該の建物はその後ベイト剤処理が可能となり、当初から判明していた生息範囲も合わせた計6・7ヘクタールに対し防除を継続したところ、2009年3月以降は散発的に少数が見られるのみとなり、さらに2009年9月以降のモニタリングではアルゼンチンアリゼロの記録が続くようになった。研究室では田付先生の退官と担当学生の鈴木俊君や筆者の就職があり、モニタリングは害虫防除事業者であるイカリ消毒株式会社に継承された。

その後2011年夏、2012年秋と散発的にアルゼンチンアリが見つかり、なかなか根絶には至らなかったが、2015年4月と6月に1匹ずつ見つかったのを最後に、その後2年間のモニタリングでアルゼンチンアリのゼロ記録が続いたため、それをもって遂に本牧埠頭A突堤のアルゼンチンアリは根絶されたと判断された（Sakamoto et al. 2017の根絶判断基準も満たす）。

残念かつ驚いたことは、終盤にアルゼンチンアリが見つかった場所がなんと、防除事業を開始した当初に確認した生息範囲の北限を少し越えたところだったことである。これは、防除事業の途中でアルゼンチンアリが防除エリアより北に広がっていたためと考えられる。

オーストラリアのホフマンさんの根絶事業などでは、最初に外来アリが確認された範囲より若干外側、いわゆるバッファーゾーンにも念のためベイト剤を処理する戦術をとることが多いのだが、横浜ではこのバッファーゾーンを設けていなかったことが落とし穴となっていたのである。逆に、南側にはバッファーゾーンは設けていなかったにもかかわらずアルゼンチンアリの逸出はなく、拡大を阻止するための合成道しるべフェロモン製剤を処理していたことが功を奏したようである。

この事業では合成道しるべフェロモン製剤とベイト剤の併用による広域防除効果を実証できたほか、上記のいくつかのトラブルを通して、根絶を成功させるには3ステップや7箇条の考え方をはじめ海外の事例に学ぶことがやはり大事だという教訓が得られた。

ハイドロジェルベイト剤

《新たなる潮流》

ここまで横浜港でのアルゼンチンアリ根絶事業を紹介したが、その後、関東の港湾へは繰り返しアルゼンチンアリが侵入してきており、環境省や国立環境研究所、ふじのくに地球環境史ミュージアム、自治体などが連携して強力な防除事業を推進し、市街地への拡散が防げている状況である。防除手法は市販ベイト剤を数メートルおきに設置し、散布用液剤も適宜処理する、生息域の外周をしっかり処理し封じ込めつつ内部を減らしていく、という堅実なもので、特に、大井埠頭では統計モデリングにより根絶の成否を判定する手法で根絶宣言がなされており、論文発表されている（Sakamoto et al. 2017）。

アルゼンチンアリのゼロ記録がどれだけ続けば根絶とみなして良いかは世界的に明確な根拠がなく、慣習的に2年間継続すれば成功とされてきた中で、明確な判断基準を示した重要な成果と言える。また、アルゼンチンアリ根絶後は在来アリが羽アリの飛来などにより速やかに回復することも報告された（Inoue et al. 2015）。

一方、海外で最近10年間に発表されたアルゼンチンアリ根絶に関する論文は2本あり、どちらもアメリカのカリフォルニア沖のチャネル諸島での根絶事業がうまく進んでいるという内容のものである。Boserら（2017）の論文はサンタクルーズ島の74ヘクタールの侵入地を対象にしたもので、「ハイドロジェルベイト剤」というベイト剤を使用し、2013年に148リットル／ヘクタールを2〜3週間おきに計12回空散、2014年に2回追加で処理したところ、2015年までに73・5ヘクタールでアルゼンチンアリが見られなくなった。もう1本の論文も、別の島で同様の手法により成果があがっているというものだ。

ハイドロジェルベイト剤？　空散？　聞きなれない言葉の連発であるが、今、ハイドロジェルベイト剤がアルゼンチンアリのみならず外来アリ防除の分野で世界的に大きな潮流となっている。

《ハイドロジェルベイト剤とは——驚異のメリット》

ハイドロジェルベイト剤とは、ざっくり言えば、殺虫成分入りの砂糖水を高吸水性ポリマーに吸収させて作るゼリー状のベイト剤である。高吸水性ポリマーとは、赤ちゃんのおむつなどに使われる樹脂のことで、樹脂自体の重さの数百倍の水を吸収することができる。そのため、ハイドロジェルベイト剤はほとんど砂糖水でできており、非常に水分に富んでいる。アリはハイドロジェルベイト剤に含まれる毒入り砂糖水をチュウチュウと吸ってお腹に貯めるか、場合によってはゼリーを小さくちぎってくわえて巣に持ち帰り、仲間とシェアする。

本書でこれまで説明してきたように、アルゼンチンアリをはじめとする侵略的外来アリはアブラムシの甘露のように糖分に富んだ液体状の餌を非常に好む性質がある（第２章参照）。そのため、糖蜜ベースの液体状ベイト剤は侵略的外来アリに適しているといえるが、液体状ベイト剤は地面に直接まくとすぐ浸み込んで無くなってしまうので、アリに食べさ

ハイドロジェルベイト剤。（上）調査用の皿に置いたハイドロジェルベイト剤にアルゼンチンアリが多数群がっているところ。少量の高吸水性ポリマー（左下の粉末）で大容量のハイドロジェルベイト剤（ビーカー内）を作成できる（下）。

せるためには容器に入れた状態で設置する必要がある。

しかし、とくに広域処理を考えた場合、容器の準備はコスト高となるし、こぼさないように注意深く運搬・設置するとなると労力面でも大きな問題がある。使い終わった容器の回収も大変だ。この点、ハイドロジェルベイト剤は地面に直接ばらまいても水分は土やコンクリートに浸み込んでしまうのでなくポリマーに保持されたままである。つまり、液体状ベイト剤とほぼ同じ組成のため侵略的外来アリに対し高い嗜好性を期待でき、かつ、直まきできないという液体状ベイト剤の欠点を克服したベイト剤型なのである。

また、実は容器が必要というのは市販の顆粒状やペースト状のベイト剤も同様で、ほとんどの商品はプラスチック製のケースに入っており、アリが通れるような穴や隙間が空いた作りになっている。これは雨で中身のベイト剤がなくなってしまったり、他の生物に食べられてアリへの効果がなくなったり環境影響が出てしまったりするのを防ぐためである（ただし一部にはヒアリ向けのエスティーム〔住友化学株式会社〕のように港湾などで直接地面にまく用の顆粒状ベイト剤もある）。しかし、このプラケースは市販ベイト剤のコスト高の一因となっている上、設置した後回収されないまま放置されることがしばしばあり、昨今明らかになっている海洋プラスチック問題などをふまえると好ましくない状況である。

この点、ハイドロジェルベイト剤は通常、容器に入れずに直まきするが、ボリュームがあるように見えて、中に含まれるポリマーの量はわずかなので、外来アリが全てを食べきらずに残っても、水分を失うか、逆に雨に流されるなどして自然と消失するため、回収の手間が不要である。また、主成分は砂糖水であり、砂糖水は無臭のため昆虫や小動物を匂いで誘引することがないことから、アリ以外の生物に誤食され環境影響が出ることは少ないことが報告されている。たとえば昨今農薬によるミツバチの大量死が問題視されているが、ミツバチはハイドロジェルベイト剤に見向きもしない。

先にベイト剤容器が市販剤の製品コストにつながっていると書いたが、ハイドロジェルベイト剤のコストはいかほどであろうか？　次ページの表は、筆者がじっさいに使用しているレシピ例である（外来アリに対する効果は後述）。材料費はハイドロジェルベイト剤1キログラムあたり約70円。使い方は、たとえば住宅であれば家屋の外周や庭の外来アリがいるところに1～数メートルおきにスプーン1杯（約10グラム）ずつばらまいていく。日本の平均的な住宅敷地面積であれば、500グラムあればかなりまんべんなく処理できる（500グラム÷1箇所10グラム＝50箇所）。作り方もシンプルである（詳しくは後述）。

侵略的外来アリは個体数がとにかく多い。これに対し、市販のベイト剤は少量で高価なハイドロジェルベイト剤のレシピ例。

組成	配合率	およその重量	単価	材料費
チアメトキサム液剤	0.005%*1	0.05g	￥60/g	￥3
砂糖（上白糖）	20%	200g	￥300/kg	￥60
水（水道水）	80%	800g	–	–
高吸水性ポリマー	0.5%*2	5g	￥1.3/g	￥6.5
合計	100%	約1000g（1ℓ）	–	￥69.5

＊1　ホートトラスト（チアメトキサム20%配合、鵬図商事株式会社）を使用の場合。有効成分チアメトキサムの濃度としては出来上がったハイドロジェルベイト剤中0.001%（10ppm）となる。

＊2　Newsorb（ニューストーンインターナショナル株式会社）を使用の場合。製品によって吸水力が異なるので他の製品を使用する場合は配合率を適宜変更する必要がある。

ため十分な処理ができない。しかし、ハイドロジェルベイト剤は安く簡単に大量に作れる。だから、生息地をくまなく処理して外来アリの巣を一つひとつつぶすことができる。数には数で対処。シンプルな理屈である。ちなみに、殺虫成分の濃度は市販ベイト剤の数分の1以下でよく、トータルの量は液剤散布より圧倒的に少なくてすむ。

一部、まだ十分に解説していないこともあるが、ハイドロジェルベイト剤のメリットをまとめると以下のようになる。

・アルゼンチンアリの好きな糖蜜ベースだから、よく寄りつく

・地面に直接まけける

・容器に入れないので、回収の手間いらず
・環境負荷が小さい
・安く、簡単に、大量に作れる
・たくさん処理できるので、よく効く

《日本での実使用》

上記のハイドロジェルベイト剤の性能は非常に画期的と捉えられており、実に、ここ10年間でアルゼンチンアリ防除を主題とした世界の論文のうちの3分の1がハイドロジェルベイト剤の開発や実証に関するものとなっている。先に述べたチャネル諸島では自然保護区域での根絶事業のため、くまなく直まきできる特長を活かしてヘリコプターによる空中散布が行われ、広域での根絶に成功しつつある。南アフリカのプラムやカリフォルニアのオレンジの果樹園での実証、市街地における低密度管理手法の開発なども行われ、さまざまな環境で効果が確認されている。

筆者は2022年にIUCNの会議に専門家として呼ばれ、ヨーロッパでの外来アリ対策のためのアドバイスを行ったが、参加した海外の専門家達のプレゼンでは「ハイドロジェルベイト剤とは何か」の説明はなく、もはや常識的な選択肢の一つとなっていた。

しかし日本では、百聞は一見に如かずで論文の情報だけではイメージが湧きにくいためか、ハイドロジェルベイト剤は注目されてこなかった。筆者はというと、国際昆虫学会などでハイドロジェルベイト剤の発表を聴いていたし、ハイドロジェルベイト剤の最初の開発者であるパデュー大学のジェゴーシュ・ブチコフスキーさんとはその国際昆虫学会で仲良くなり、彼の研究室を訪問して実物やその作り方を見せてもらっていたが、レシピが簡単なので特許取得が難しいような気がして、商品化はできるのかなと少し懐疑的であった。しかし、その後ひょんなことからハイドロジェルベイト剤を使用する機会があり、その性能を体感することになったので、以下に紹介する。

《新たなる刺客、アシジロヒラフシアリ》

筆者が最初にハイドロジェルベイト剤を使ったのはアルゼンチンアリではなく、アシジロヒラフシアリ（学名 *Technomyrmex brunneus*）というアリである。アシジロヒラフシアリは、働きアリの体長が2・5ミリメートルほどで、体は黒色だが、脚の先端の色素がうすく、淡黄色になっていることが名前の「アシジロ」の由来となっている。樹上性の生態で、森林の樹木や住宅地の生垣・庭木などに営巣する。

もともとは東〜東南アジア原産で、温暖な気候を好み、日本国内では90年以上前から南西諸島に定着しているが、近年になってより北の方へ分布が拡大している。たとえば伊豆諸島の八丈島では2011年頃から本種の大発生が見られ、島では森林に近接した住宅が多いことから、家屋周辺の森林や屋敷林に住み着いて増えたアリが大行列をなして日々家屋内に入り込んで食料にたかってくる。同時に、配電盤などの電気設備に入り込んで故障させ、照明やエアコンが付いたり消えたりといった不具合も日常茶飯事となっている。

大発生したこのアリの正体は数年間不明の状態であったが、話を聞いた東京都立大学の江口克之先生（アリの系統分類などが専門）が気になって2016年にサンプルを取り寄せて確認したところ、アシジロヒラフシアリと判明。その後、深刻な被害状況から、アシジロヒラフシアリ対策の必要性が八丈町議会で議題となり、2020年から防除事業が開始された。江口先生と、上記の道しるべフェロモンの研究でお世話になった寺山守先生、そして筆者は、2021年から外部アドバイザーとして防除の取り組みに参画させてもらうこととなった。

さてこのアシジロヒラフシアリ、じつはアルゼンチンアリ以上に防除が難しいアリであ

アシジロヒラフシアリ。ハイドロジェルベイト剤を食べているところ。

る。まず、スーパーコロニーを形成して高い繁殖力・回復力を示すのはアルゼンチンアリと同様である。江口先生の研究室の実験から、八丈島の5集落に拡まった個体群は全て同一のスーパーコロニーに帰属することが確認された。また、アルゼンチンアリや他の侵略的外来アリと同様に植物食性が強いことも個体数の増加を可能にしていそうだ（第2章参照）。

本種は樹上性と書いたが、家屋内へ遠征する以外に、ホームグラウンドである樹上では、枝葉でアブラムシ、カイガラムシと共生関係を結んで彼らから甘露を大量に供給してもらっている。こうした生態から、アシジロヒラフシアリの個体数はかなりのもので、筆者自身、2021年春に初めて現地を訪問した際、場所によっては夏・秋のアルゼンチンアリと同等レベルの太い行列を見て「うわっ、これはかなり手強いな」と冷や汗をかいたのを覚えている。

その上で、アシジロヒラフシアリにはさらに、アルゼンチンアリよりも実際に防除する際の薬剤選定が難しいという問題点がある。先に述べた通り、外来アリ防除の主力ツールはベイト剤となる。しかし、日本で家庭用に市販されているアリ用ベイト剤はほとんどがアシジロヒラフシアリの好みにあわず、生息場所に設置してもあまり寄りついてこない。薬局やホームセンターでアリ用ベイト剤を買ったことのある方なら何となくイメージがわくかと思うが、市販製品のほとんどは顆粒状、硬いペースト状、ないしは粘り気のあるゲル状で、基本的には固形に近い。こうしたものはアシジロヒラフシアリには不人気で、唯一多くの個体が群がってきたのは液体状のベイト剤であった。この製品は糖類をベースとしており、アシジロヒラフシアリがアブラムシ、カイガラムシの甘露を好むことを考えると、よく集まってくるのは納得できる。

しかしながら、液体状ベイト剤はすでに述べたように設置が難しいという難点があり、しかもこの市販液体状ベイト剤は有効成分がアシジロヒラフシアリに効きにくいものであった。このアリは餌の好みがうるさいことに加え、殺虫剤への耐性自体が強いという性質も持ち合わせているのだ。

八丈町では防除事業の初年度（2020年）は市販ベイト剤を住民に配布するということを行った。この市販ベイト剤はペースト状で、この時点でアシジロヒラフシアリが液体状の餌を好み、ペースト状ベイト剤そのままでは寄りつきが悪いことは既に分かっていたので、一手間かけて、住民の皆さんへは砂糖水をかけて設置するようお願いした。この工夫が功を奏し、ベイト剤の消費を一定量確認できたのだが、残念ながらアシジロヒラフシアリを減らすことはできなかった。後になって実験してみて分かったことだが、製品に配合されていた有効成分も、アシジロヒラフシアリに適していなかったのである。多くのアリに効果がある成分だったので、これには驚いた。

ベイト剤の好みのうるささ、殺虫剤への耐性に加え、アシジロヒラフシアリ特有の難しさが実はまだまだある。先に解説した通り、ベイト剤はアリが巣内で仲間同士口移しによって食糧をシェアする生態を利用して、殺虫成分を女王や幼虫を含めたコロニー全体に行きわたらせ殺すという仕組みである。しかし、アシジロヒラフシアリはアリ類の中でも珍しく、口移しによる栄養交換を行わない種で、そのかわり、栄養卵といって、通常の卵と違って幼虫が生まれてくることがなく、柔らかい特殊な卵を生産して、それを巣仲間に食べさせてあげることで食糧のシェアを行う。

そのため、口移しによる殺虫成分の伝搬が期待できない。栄養卵を介して殺虫成分が伝搬される可能性はあるが、栄養卵にまで殺虫成分が入り込むかは定かでない。実際のところ、筆者はベイト剤を食べた個体と食べていない個体を同居させるラボ実験を行ったが、ベイト剤を食べた個体はその後高確率で死亡したのに対し、食べていない個体の死亡率は非常に低かったので、殺虫成分はあまり伝搬されなかったのだと推測できる。これでは、外来アリ根絶成功7箇条の1条がクリアできない。

最後に、アシジロヒラフシアリが樹上性であることもこのアリの防除難易度を上げている。港湾や市街地に侵入したヒアリやアルゼンチンアリは開けた環境でわりと平面的な活動をするが、樹上性のアシジロヒラフシアリは高い樹木の上も含めた立体的な活動パターンを示すため、そのぶん防除は複雑になる。さらに、森林に入り込まれた場合、森林の生物多様性に配慮して環境影響を抑えながらアシジロヒラフシアリの駆除を行うというのは至難の業といえる（根絶成功7箇条でいえば6、7条のクリアが難しい）。

以上のことから、本書最終章に来てアルゼンチンアリを超える強敵出現で申し訳ないのだが、アシジロヒラフシアリは、外来アリの中でも防除難易度最高ランクに位置づけられるのではないかと考えられる。八丈島のアシジロヒラフシアリ対策研究にコミットすることになったとき、正直なところ、「うわぁ、ババを引いた〜!」と思ったものである。

《起死回生のハイドロジェル》

2020年夏に市販のペースト状ベイト剤を使った試験的防除が失敗したことを受け、オーストラリアのホフマンさんにアシジロヒラフシアリの仲間について防除した経験がないか聞いてみたところ、「液体状の餌が好きなのであればハイドロジェルベイト剤がお薦め」との返事があった。なるほど! と思い、インターネットで見つけた良さそうな高吸水性のポリマーを調達して、パデュー大のブチコフスキーさんに見せてもらったようにハイドロジェルベイト剤を作ってみることにした。

できた試作品をラボで飼育中のアシジロヒラフシアリに与えてみると、すぐに群がってきた。殺虫成分をいろいろなものに変えて殺虫効果を調べてみたところ、チアメトキサムという化合物であれば効くことが確認できた。また、ポリマーには水分を吸収するとボール状になるものやクラッシュアイス状になるもの、ジュレ状になるものなどがあり、いくつかの種類で試してみたが、水分の吸収量や吸収速度、水分の蒸発しにくさといった点で、ジュレ状になるポリアクリル酸塩樹脂商品が最も優れていたので、これを採用することにした。

これらの検討を2020年の秋冬に行った後、2021年春に八丈島の実地でハイドロジェルベイト剤へのアシジロヒラフシアリの寄りつき具合を調べることになった。その結果、ハイドロジェルベイト剤は、ピーナッツクリームのような粘り気のある餌だけでなく、砂糖水やハチミツ水といった液体の餌にも勝って最も多くのアシジロヒラフシアリを動員した。

こうして積み上げられたデータから、実地の防除に使えるハイドロジェルベイト剤レシピを完成させることができた。殺虫成分はインターネットで購入できる不快害虫向け散布用液剤（有効成分チアメトキサム）をうすめて使用、高吸水性ポリマーも上記のようにインターネットで購入可能、その他必要な材料は砂糖と水のみとなり、八丈島のように実店舗が少ない場所、アリ防除資材をもつ害虫防除事業者のいない場所でも全て容易に調達できる。

完成レシピでもって、いよいよ2021年5月末に、八丈島の樫立《かしたて》という集落全体での試験的防除を行う運びとなった。樫立では、住民家屋272世帯、公共施設18施設など、人間の生活空間周辺に対してハイドロジェルベイト剤を配布して一斉に処理することとした。1世帯・施設あたりの処理量は、チャネル諸島でのアルゼンチンアリ根絶事業での処理量を参考に、それとほぼ同等の1・8キログラムとした。これを配布するためには全体で約500キログラムのハイドロジェルベイト剤が必要なので、廃校舎の体育館で、町役場の職員さん、シルバー人材センターの職員さんと筆者とで、45〜80リットルゴミバケツを使って作成を行った。

ゴミバケツに砂糖をドバドバと入れ、ホースで水を引っ張ってきて注ぎ込み、特大しゃもじでかき混ぜて砂糖を溶かした。できた砂糖水に殺虫剤を入れて再びかき混ぜた後で、最後に高吸水性ポリマーを必要量入れ、ときどき軽くかき混ぜながら15〜30分ほど待つと、しだいに固まってハイドロジェルベイト剤の出来上がりとなる。久しぶりに使った水道だったのでホース内に藻が生えており、それがハイドロジェルベイト剤に混じってしまったのはご愛敬である。作成したハイドロジェルベイト剤はひしゃくですくってタッパーに約1・8キログラムずつ小分けした。これを段ボールに詰め、軽トラに乗せてシルバーの皆さんに各戸へ配達してもらった。

配布されたハイドロジェルベイト剤は、指定した日に住民の皆さん自身で自宅敷地内に処理していただいた。処理方法は住民説明会の開催や説明書の回覧で周知しており、使い捨てスプーンで1杯ずつ、アリのいるところや通りそうなところを中心にばらまいていただくようお願いした。このようにして、本州の市街地でアルゼンチンアリを対象に行われてきた一斉防除の形式で処理を行った。

防除効果の測定のため、10箇所のモニタリングポイントで処理の前後にアシジロヒラフシアリ個体数を計測したところ、一斉処理の実施9日後には、処理前と比べてアシジロヒ

八丈島でのハイドロジェルベイト剤作成の様子。

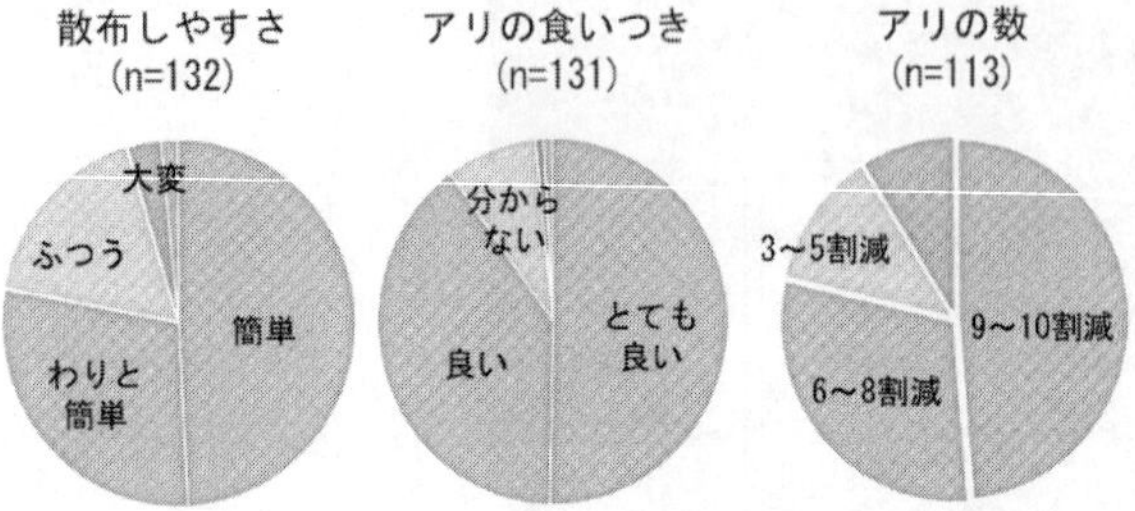

樫立地区でのアシジロヒラフシアリ一斉防除の後で実施した住民アンケート調査の結果。

ラフシアリ個体数の87パーセント減が確認できた(Sunamura et al. 2022)。また、一斉防除に参加した住民の皆さんに事後アンケートをお願いしたところ、146件と多数の回答をいただき、喜ばしいことに、ハイドロジェルベイト剤の使い勝手やアリの寄りつき、防除効果について肯定的な選択肢の回答が大多数だった。自由記述の欄でも、これまでいろいろ試した中で一番効いた、今後も定期的に利用したい、といった趣旨の意見が多く寄せられ、大変好評だった。

ただし、モニタリングポイントで一斉処理の37日後に実施した個体数調査では、処理前の68パーセントにまでアシジロヒラフシアリの回復が見られた。これは、ハイドロジェルベイト剤の処理が一斉防除の方式をとってはいるものの、根絶を目指した厳密な「地域一斉」防除ではないことが原因となっている。樫立を含め八丈島は住宅が密集しておらず、住宅と住宅の間や周辺に藪や森林がある。八丈島での防除目標はまずは住宅へのアシジロヒラフシアリ被害を軽減することだったので、こうした藪や森林までは処理を行わなかった。

その結果、予想していたことではあるが、住宅まわりのアシジロヒラフシアリを駆除しても、周囲の処理されていない場所から次第に再侵入が起こった。前述したように、スーパーコロニーの回復力が発揮されたわけである。また、アシジロヒラフシアリは特殊な栄養交換方式をもつことから、一般的なアリに比べ殺虫成分がコロニー内に広く伝搬・拡散しにくいことも、効果が住宅まわりで一時的にとどまる要因の一つだろう。

このようなことが予見されていたことから、八丈島の防除事業は当初から根絶をコミットしたものではなく、経済的にも環境的にもサステナブルな手法で被害を低減できるようにすることを目指したものである。

筆者らの取り組みにより、ハイドロジェルベイト剤がアシジロヒラフシアリに対してよく効き、かつ安価に用意できる唯一解であることが分かった。そこで、２０２２年はハイドロジェルベイト剤の配布対象が３集落に、２０２３年は５集落全部にと段階を踏んで拡大された。ハイドロジェルベイト剤を使用するかは各世帯の自由となっており、希望する世帯にのみ配布を行っているが、アシジロヒラフシアリ対策のニーズは島全体で高く、希望世帯が非常に多数となっている。そのため、一斉防除のメリット（スーパーコロニー全体に一斉にダメージを与えて回復を遅らせる）もある程度は期待できる状態と考えられる。

1回の処理でまくハイドロジェルベイト剤の量や、どれぐらいの頻度で処理するのが回復による被害再発を防ぐ上で適切なのか、ブラッシュアップはまだ必要だが、ハイドロジェルベイト剤のおかげで、地元自治体の予算内で、住民自らの手で自律的に行える防除プログラムを確立することができた。海外発のイノベーションを取り入れるかたちでスタートした取り組みだが、このように一般市民が科学研究に参画して社会課題を解決していく「市民科学」のアプローチが逆に海外から高く評価されている。

ただ、毎年アシジロヒラフシアリの発生期にハイドロジェルベイト剤を自作して定期的に処理するというスタイルは、八丈島での本種への対策として現実的な着地点の一つではあるものの、5集落全てに対して発生期には毎月行うとすると音頭を取る八丈町役場にとっては負担となる。筆者もハイドロジェルベイト剤作りの現場に何度か参加しているが、たとえば大容量のゴミバケツをハイドロジェルベイト剤作成後に小分け担当班のところへ運ぶ作業は重労働だ。

だが、幸いこの問題も解決できた。株式会社アグリマートにてハイドロジェルベイト剤の商品化が進んだのである。この製品は、天然由来の生分解性の樹脂を使用している点が画期的で、処理した後放置しておいても環境に対して問題なく分解されていく。従来海外で使われているポリアクリルアミド樹脂や八丈島で筆者らが使用したポリアクリル酸塩樹脂は合成樹脂で、分解に時間がかかり、プラスチック製のベイト剤容器に比べれば微々たる量ではあるが、数年以上にわたって継続的に処理していくとなると「塵も積もれば山となる」である。

アグリマート社製ハイドロジェルベイト剤は具体的にはセルロースナノファイバー(Cellulose Nano Fiber：CNF)といって樹木由来の植物繊維をナノメートルサイズ以下に微細化した、近年注目の新素材を使用している。CNFは様々な用途への応用が期待されている樹脂素材だが、高い吸水性をもつため、ハイドロジェルベイト剤のような用途にも使用できる。CNFハイドロジェルベイト剤はチューブに700グラム入りとなっており、これは住宅まわりに2回処理できる想定の分量である。個人向け販売は行われていないが、都道府県や市町村といった自治体向けに販売が開始されている(2024年6月現在)。ホフマンさんによるとハイドロジェルベイト剤が製品化されたという事例は聞いたことがな

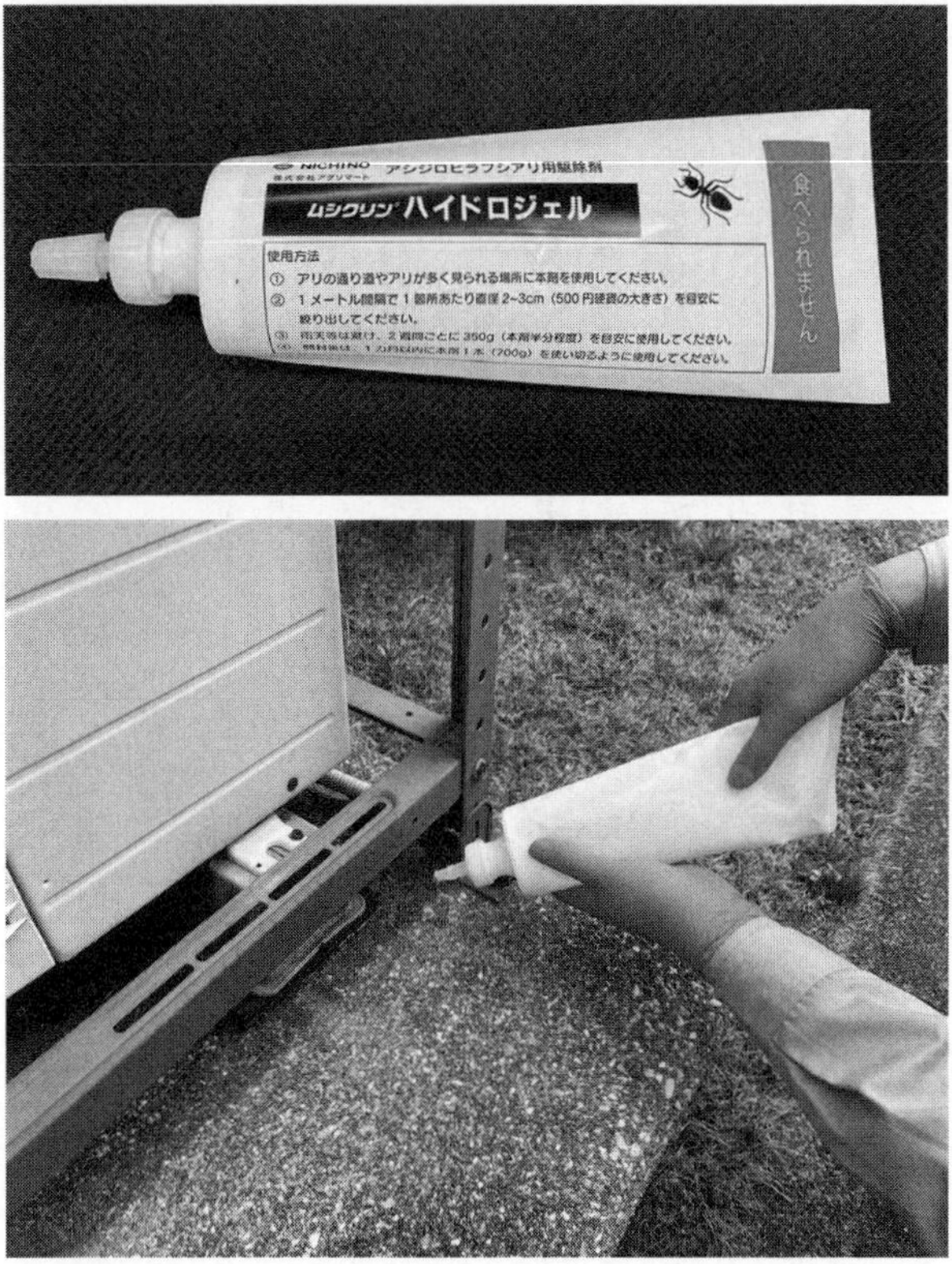

日本で製品化されたハイドロジェルベイト剤（株式会社アグリマート提供）。下の写真から分かるように他の市販ベイト剤に比べ大容量！

いということなので、CNFハイドロジェルベイト剤は世界的にも画期的な製品と考えられる。八丈島でも使用され、SNSを見ると実際に使用した住民の方々から大変好評のようである。

《日本のアルゼンチンアリへの展開》

以上のように、海外でアルゼンチンアリを中心に研究開発が進められてきたハイドロジェルベイト剤が、日本ではアシジロヒラフシアリを対象に初めて使われ、地域での防除プログラム構築や製品流通といった社会実装が進んだ。これらの技術は日本のアルゼンチンアリに逆輸入（?）できる。

また、北米でも近年、合成道しるべフェロモンの研究で触れたカリフォルニア大のチェイさんらが海藻由来の生分解性ハイドロジェルベイト剤を開発して特許取得し、住宅地での実証試験に基づいて、合成道しるべフェロモンとの混合処理によるアルゼンチンアリの低コストな密度管理プログラムを提示している（Choe et al. 2021）。こうした技術も活用できる。そうした試みが、2023年頃から少しずつ始まっているところである。

関東地方では港湾でのアルゼンチンアリ水際防除が徹底されている話を先に書いたが、

薬剤の施工は害虫防除事業者に委託されている。たとえばイカリ消毒株式会社は全国各地でアルゼンチンアリなどの防除を請け負っているが、九州本土のアシジロヒラフシアリ防除に際して筆者らのハイドロジェルベイト剤の成果を活用した経験から、神奈川県港湾地域のアルゼンチンアリに対してもハイドロジェルベイト剤を活用した。筆者らのレシピをベースに、配合する薬剤をイカリ消毒が開発した製品（有効成分ピリプロール）にして、液剤散布用の散布器を使って生息地に一定間隔で処理したところ、短期間でアルゼンチンアリが100パーセント近く見られなくなった（富岡ら2024）。

乾電池式散布器によるハイドロジェルベイト剤処理の様子（イカリ消毒株式会社提供）。

ハイドロジェルベイト剤はたくさん処理できるので一般市民でも防除効果を上げることができるが、実は上記の事例のように、豊富な液剤ラインナップをもち、業務用散布器等の備品もそろえ、薬剤の希釈などの作業に習熟した害虫防除事業者が、知識と経験に基づいてアリの来そうな場所に処理することで、最大限の効果を発揮する。

また、奈良県では2021年にアルゼンチンアリの侵入が確認され、対策が急務となったが、河川敷に侵入しており既存ベイト剤製品では有効成分が河川に流入した際の生態系への影響が懸念されることや、限られた予算と人員の中で既存ベイト剤製品の購入費用と容器回収のマンパワーを確保するのが厳しいという状況から、実行可能な防除体系を構築するためにハイドロジェルベイト剤の導入を試行している。筆者らも協力し、まず、ハイドロジェルベイト剤は有効成分と濃度を注意深く選定することで、もし雨に流されるなどして河川流入してしまった場合でも水生生物への安全性を担保できることが試算により示せた。

次に、河川敷傍の公共施設にてハイドロジェルベイト剤に対するアルゼンチンアリの寄りつきを調査し、良好であることを確認できた（Sunamura et al. 2024）。

さらに、この施設事務所自体もアルゼンチンアリの発生でお困りとのことだったので、建物の周囲にハイドロジェルベイト剤を約500グラムまいて防除効果を予備的に観察したところ、いたるところに見られたアリの行列が2日後にはきれいに消滅し、吹き溜まりに多数のアルゼンチンアリの死骸が積もっていた。アルゼンチンアリ対策を熱心に推進され、現場を定期的に訪問している県職員の山原美奈さんによると、ハイドロジェルベイト剤はアルゼンチンアリの巣窟になっている街路樹の樹上の割れ目等にも手軽に処理でき、樹木内の巣を駆除できるといった使い勝手の良さがあるとのこと。

本書を執筆中の現在も、ハイドロジェルベイト剤の利活用について様々な先進的な試みが進められており、たとえば家庭でハイドロジェルベイト剤を作れる材料キットの配布などが試みられている。

一般家庭向けのおすすめ薬剤は何ですか?

ここまで主として自治体や研究者主導のアルゼンチンアリ防除技術について解説してきたが、こうした公共事業などによらない一般家庭でのアルゼンチンアリ対策において、ずばり、おすすめ製品は何だろうか? 外来アリ対策薬剤の主力であるベイト剤を中心に書こうと思う。ベイト剤製品を評価するにあたって考慮すべきポイントは、主に有効成分(殺虫成分の種類と濃度)、誘引力(誘引・喫食成分、性状)、価格あたりであろう。

有効成分は、化学構造の異なるさまざまな系統のものがあるが、代表的なものを上の表に示す。以下に詳述するが、結論から書くと、どの有効成分が特段良い/悪いとは言えなアリ用ベイト剤に使われる様々な有効成分。

化合物系統	化合物名
フェニルピラゾール	フィプロニル、ピリプロール
ネオニコチノイド	チアメトキサム、ジノテフラン、イミダクロプリド
オキサジアジン	インドキサカルブ
その他	ヒドラメチルノン
天然物（有機化合物）	スピノサド、スピノシン
天然物（無機化合物）	ホウ酸
昆虫成長制御剤※	ピリプロキシフェン、メトプレン

※成虫に対する殺虫効果は低いが幼虫の脱皮や女王の産卵を抑制する効果があり、ヒアリ対策によく使われる。

い。アリ用ベイト剤向けの理想の有効成分は、幅広い濃度で遅効的に効き、アリが嫌がらずに食べ、かつ環境毒性が低いものとされている。幅広い濃度で、というのは、アリがコロニーのメンバー間で口移しの栄養交換をしてベイト剤を分け合っていく過程で有効成分濃度が薄まっていくので、1匹のアリの致死量よりだいぶ濃い濃度（最低でも10倍、できれば100倍以上といわれる）で配合しておかないと伝搬によるコロニーの駆除は期待できない。

また、アリが中毒してしまうと仲間にベイト剤をシェアできないので、濃度が高くてもすぐには効かない有効成分が求められる。しかし、現実には濃度が高いほど早く効いてしまうことが多く、たとえばスピノサドやフィプロニルは高濃度では3時間以内に中毒症状が出て正常に行動できなくなってしまうこともある。

加えて、特に高濃度でアリが忌避する有効成分もある。

ネオニコチノイドはその例で、もともと植物のタバコが害虫に食べられないよう防御物質として持っているニコチンをベースとした化合物なので、アリが不味い、苦いと感じてしまうのだと推測される。

環境毒性（対象害虫以外への毒性）の観点から高濃度を配合しにくい有効成分もあり、たとえば日本で家庭用ベイト剤の多くに使用されているフィプロニルは哺乳類への毒性が高いことから人はもちろんペットや小動物が誤食してしまわないよう、濃度を低くしてかつ容器に入れるなどの配慮が必要となる。

各種殺虫成分がどの程度の濃度で効くかという観点では、Milosavljevićら（２０２１）はアルゼンチンアリの飼育コロニーに対してベイト剤を与えて有効濃度を調べる実験を８種類の殺虫成分について行った。その結果、90パーセント以上の働きアリ殺虫効果があったのはチアメトキサム、ジノテフラン、スピノサド、フィプロニルで、有効濃度の観点で互角だった（1～10ｐｐｍ）。ただ、フィプロニルは女王に対する効果が劣り、１～10ｐｐｍでは30～70パーセントの致死率だが、市販ベイト剤中のフィプロニル濃度は50ｐｐｍ程度で決して高くないのは気になるところではある。

こうした要素を総合的に勘案すると、１匹のアリの致死量の１００倍以上を配合して問

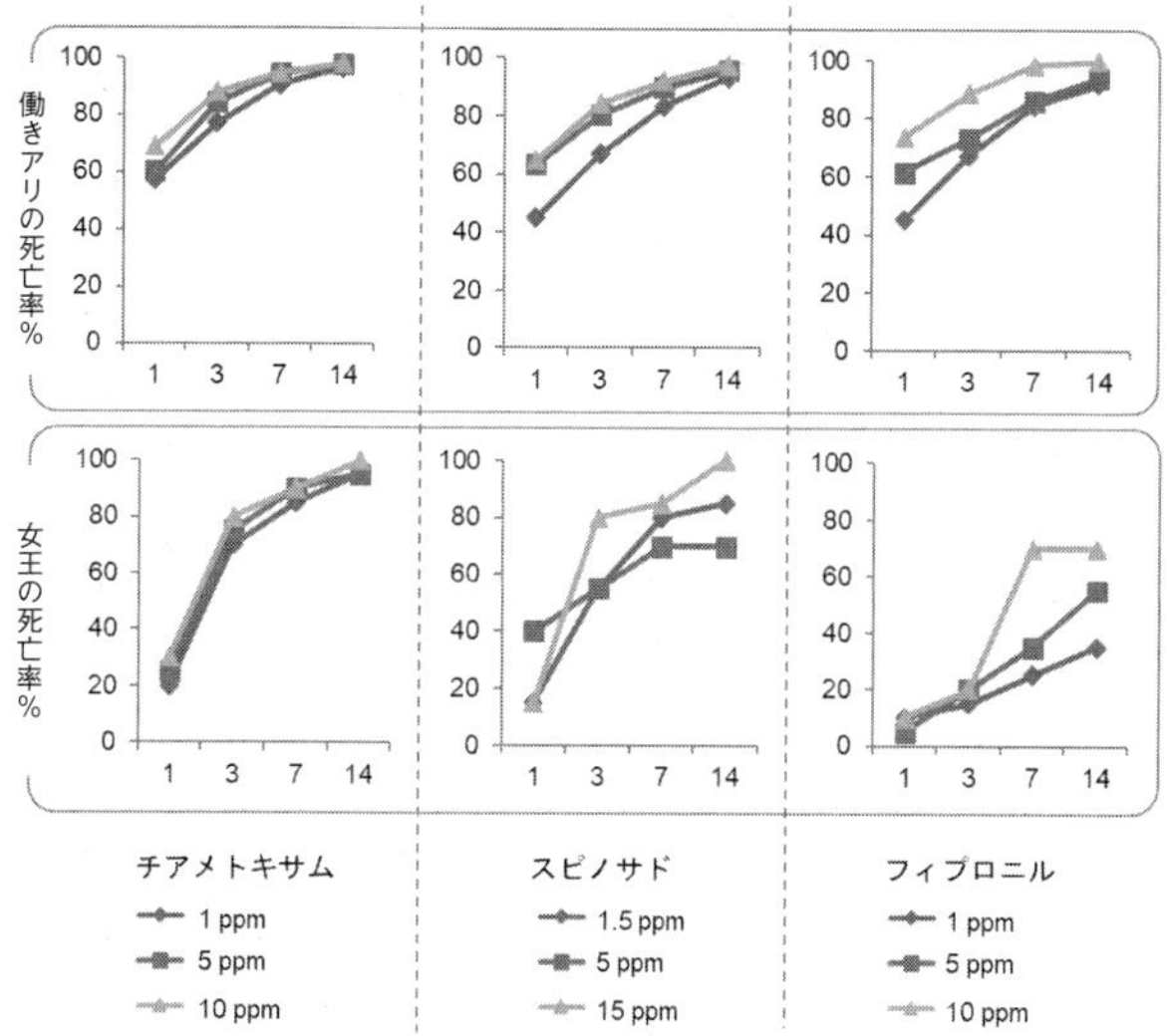

アルゼンチンアリに低濃度で効く3種殺虫成分の効力比較。横軸は飼育コロニーにベイト剤を投与した後の経過日数、縦軸は飼育コロニー内の働きアリ（上段）および女王（下段）の死亡率（Milosavljevićら2021の結果をもとに作図）。

題ない有効成分は、なかなか存在しない。ごくわずかのベイト剤で複数の巣を一網打尽というわけにはいかず、環境影響に配慮しながらなるべく多くのベイト剤を置いて巣を一つひとつ駆除するという戦略が現実的といえる。この戦略にもとづいて価格の面でアドバイスするとすれば、プレミアムなベイト剤を少量ではなく、比較的安価なものを予算内で多数購入するほうが防除効果を得やすいと考えられる。

ただし、いくらたくさん買っても、アルゼンチンアリが寄りつかず食べないようでは意味がない。誘引力に関しては、アルゼンチンアリが好む餌や匂いがベイト剤に含まれているかや、ベイト剤の性状による。餌成分や匂い成分についてはメーカー各社のノウハウが詰まった秘伝のレシピになっている。その中でどれが良いか、具体的な製品名を挙げることはできないが、インターネットやSNSで各自検索いただければ実際に使用してみての感想を多く見つけることができるだろう。

専門家として一つ注意点をあげるとすれば、アルゼンチンアリ(に限らず他のアリでも)は、時期によって好きな餌が異なる場合があるということである。これは、そのときどきで周囲の環境で捕れる餌がちがっていたり、巣内の幼虫の数や発育段階がちがっていたりするため、必要としている栄養素が変わるためだ。よって、余裕があれば念のため、まず最初に少量のベイト剤を置いてみて寄りつきを確認してから複数設置するようにする、いくつかの種類のベイト剤を置くようにする、といったリスクヘッジをすると良いだろう。

ところで、筆者は全ての市販のベイト剤を試したわけではないが、ただの砂糖水やハイドロジェルベイト剤の方が市販のベイト剤より寄りつきが良かった経験がある(Sunamura et al. 2022,2024)。砂糖水やハイドロジェルベイト剤には匂いのある誘引物質は含まれていないので、既に説明したように、液体状の性状と、餌成分として糖分を好むということがポイントとなっている。これに対し、より工夫をこらした市販ベイト剤がなぜ引けをとってしまうのだろうか？　それは、ベイト剤がこぼれたりくずれたりしないよう性状を顆粒状やペースト状にしたり、在庫としてストックされる間に劣化や腐敗が進まないよう防腐剤などを配合したりしていることがマイナスに働いているのかもしれない。

一方で、性状を顆粒状にすることにはメリットもあるかもしれない。第2章で解説したように、アリの成虫は腰をくびれさせて可動域を広げた代償として固形物を消化できず、固形物は幼虫にいったん与えて消化させてから、幼虫に吐き戻して分けてもらう仕組みになっている。そのため、顆粒状のベイト剤は幼虫に行き渡りやすいと考えられる。しかし、幼虫を介することで必然的に働きアリに戻る有効成分量が減るし、幼虫が早くに中毒して吐き戻しできなくなる可能性もあるなどのデメリットも想定でき、このあたりの実態はよく分かっていない。

逆に、液体状ベイト剤は働きアリの間だけでシェアされてしまう可能性が考えられるが、先に示したMilosavljevićらのデータはハイドロジェルベイト剤に各種殺虫成分を配合しての実験なので、女王にもシェアされて殺していることが分かる。こうした巣内でのベイト剤有効成分の伝搬のしかたは、今後詳しい研究が必要な分野である。

最後に、アルゼンチンアリの被害にあわれており、上記のやり方では満足な結果が出ないという方のために、ハイドロジェルベイト剤が個人でも購入できるようになると良いのだが、それがない現状では、ハイドロジェルベイト剤を自作するという手段も考えられるかもしれない。殺虫成分を使うので取り扱いには注意が必要なため安易にはおすすめできないが、筆者らが発表した論文や上記のレシピ表を参考にマネして作ることはじつは難しくはない。今後、合法で、作り方がとてもシンプル、かつ効果の高いレシピの検討などができればと思っている。

《引用文献》

Boser CL, Hanna C, Holway DA, Faulkner KR, Naughton I, Merrill K, Randall JM, Cory C, Choe D-H, Morrison SA（2017）Protocols for Argentine ant eradication in conservation areas. Journal of Applied Entomology, 141: 540–550.

Choe D-H, Tay J-W, Campbell K, Park H, Greenberg L, Rust MK（2021）Development and demonstration of low-impact IPM strategy to control Argentine ants（Hymenoptera:

Formicidae) in urban residential settings. Journal of Economic Entomology, 114: 1752–1757.

Choe D-H, Tsai K, Lopez C, Campbell K (2014) Pheromone-assisted techniques to improve the efficacy of insecticide sprays against *Linepithema humile* (Hymenoptera: Formicidae). Journal of Economic Entomology, 107: 319–325.

Hashimoto Y, Sakamoto H, Asai H, Yasoshima M, Lin H-M, Goka K (2020) The effect of fumigation with microencapsulated allyl isothiocyanate in a gas-barrier bag against *Solenopsis invicta* (Hymenoptera: Formicidae). Applied Entomology and Zoology, 55: 345–350.

Hoffmann BD, O'Connor S (2004) Eradication of two exotic ants from Kakadu National Park. Ecological Management & Restoration, 5: 98–105.

Hoffmann BD, Luque GM, Bellard C, Holmes ND, Donlan CJ (2016) Improving invasive ant eradication as a conservation tool: a review. Biological Conservation, 198: 37–49.

Inoue MN, Saito-Morooka F, Suzuki K, Nomura T, Hayasaka D, Kishimoto T, Sugimaru K, Sugiyama T, Goka K (2015) Ecological impacts on native ant and ground-dwelling animal communities through Argentine ant (*Linepithema humile*) (Hymenoptera: Formicidae) management in Japan. Applied Entomology and Zoology, 50: 331–339.

環境省（２００９）「アルゼンチンアリ防除の手引き」
https://www.env.go.jp/nature/intro/3control/files/manual_argentine.pdf

Milosavljević I, Hoddle MS（2021）Laboratory screening of selected synthetic and organic insecticides for efficacy against Argentine ants when incorporated into alginate hydrogel beads, 2021. Arthropod Management Tests, 46: 1–3.

Sakamoto Y, Kumagai NH, Goka K（2017）Declaration of local chemical eradication of the Argentine ant: Bayesian estimation with a multinomial-mixture model. Scientific Reports, 7: 3389.

Sunamura E, Terayama M, Fujimaki R, Ono T, Buczkowski G, Eguchi K（2022）Development of an effective hydrogel bait and an assessment of community-wide management targeting the invasive white-footed ant, *Technomyrmex brunneus*. Pest Management Science, 78: 4083–4091.

Sunamura E, Yamahara M, Kasai H, Hayasaka D, Suehiro W, Terayama M, Eguchi K（2024）Comparison of Argentine ant *Linepithema humile*（Hymenoptera: Formicidae）recruitment to hydrogel baits and other food sources. Applied Entomology and Zoology, 59: 71–76.

田付貞洋編（２０１４）『アルゼンチンアリ――史上最強の侵略的外来種』東京大学出版会

寺山守・久保田敏・江口克之（２０１４）『日本産アリ類図鑑』朝倉書店
富岡康浩・田中和之・菅田裕希・木村悟朗・寺山守（２０２４）「乾電池式散布器を利用した生分解性ハイドロジェル・ベイト剤によるアルゼンチンアリの防除」第76回日本衛生動物学会大会

おわりに

本書では侵略的外来アリが引き起こす恐ろしい被害についての解説に始まり、スーパーコロニーの形成をはじめとする外来アリの生存戦略、アルゼンチンアリが170年余りかけて築き上げた地球規模のスーパーコロニーの話などを紹介した。こうしたアルゼンチンアリの生態や世界を渡り歩いてきた足跡をただ恐ろしいというのでなく「すごい！　面白い！」と感じ、世界見聞録を楽しんでいただけていると嬉しい。しかし最初に説明したように、アルゼンチンアリをはじめとする外来アリは人の生活圏への侵入やかけがえのない生態系への侵略といった許容しがたい問題を引き起こすので、防除は必要である。

原稿の打合せをしているとき、編集をご担当くださった鳥嶋七実さんから「アルゼンチンアリに愛着があるのに駆除をしなければならないということについて砂村さんの中でどう整理しているのですか？」という質問をいただいた。これは私自身もときどき自問自答していることで、おそらく猟師さんと同じような心境ではないかと考えている。猟師さんは生活のために動物を殺すが、動物のことが嫌いなのではなくむしろ好きで、生態をつぶさに観察・探究しているはずだ。そして獲物への感謝の念も強いだろう。本書冒頭で人気漫画『HUNTER×HUNTER』になぞらえて外来アリの被害の話をしたが、筆者はまさしくハンターなのかもしれない。

『HUNTER×HUNTER』では世界を支配しようとする外来アリ「キメラ＝アント」をハンター達が討伐しようと試みるのだが、戦闘力的にはハンター達よりキメラ＝アントの方がはるかに強く、最終的には人にも効いてしまうような皆殺し毒素をまき散らす爆弾を使って駆除をする。現実世界でも外来アリを討伐するのは困難で、筆者は約20年前に研究をスタートし、アルゼンチンアリの被害に本当に困っている山口県岩国市の皆さんから大きなご期待・ご支援を受けて防除実験を行い、一定の成果はあげられたものの、一般に実装可能な防除法を開発できず悔しい思いをした。しかしそのデータがアメリカのチェイさんらに参照され合成道しるべフェロモン製剤が商品化されるに至ったり、当時はなかったハイドロジェルベイト剤が編み出され製品化されたりと、約20年前からすると隔世の感がある。

本書最終章では日本でハイドロジェルベイト剤が使われはじめ製品化もされたことを書くことができ、岩国の皆様へもようやく顔向けできる気持ちである。外来種問題に取り組んでいると、「外来種はどうせ広まるし駆除もできないから対策なんてしてもお金の無駄」といった意見を聞くことがあるが、対策研究を続ければ、世界のどこかで誰かが蓄積された知見をイノベーションに昇華させる。決して無駄なことではないのだと、実体験から確信することができた。

このように外来アリの問題が顕在化し、一方でこれまでより格段に進歩したソリューションも示せるタイミングで本書を出版できることを大変ありがたく感じている。執筆の機会をくださり、終始ご指導・編集をしてくださった文藝春秋の鳥嶋七実さん、原稿の点検や資料・情報提供をいただいた森林総合研究所の矢口甫さん、小西堯生さん、上森教慈さん、近畿地方環境事務所の末廣亘さん、近畿大学の早坂大亮さん、イカリ消毒株式会社の富岡康浩さん、株式会社アグリマートの寒川敏行さん、白井英男さん、奈良県の山原美奈さん、八丈町の関村優子さん、東京都立大学の寺山守先生、江口克之先生に感謝申し上げる。寺山守先生にはとくに多くの項目にわたってご協力をいただいた。また、本書で紹介した筆者の体験や研究成果などはお名前を書かせていただいた方々をはじめとする多くの方々のご支援により成り立っている。アルゼンチンアリに出会えたこれまでの全てに感謝したい。

砂村栄力（すなむら　えいりき）

昆虫学者・写真作家。1982年東京生まれ。東京大学大学院にて外来種アルゼンチンアリの生態および駆除に関する研究を行い博士の学位を取得（東京大学総長賞受賞）。その後、住友化学株式会社での殺虫剤の研究開発を経て、現在は国立研究開発法人森林研究・整備機構　森林総合研究所にて害虫の駆除研究に従事（林野庁出向中）。専門とするアリやカミキリムシなどの外来生物を材料に、生態の記録や美術作品の制作も行っている（田淵行男賞写真作品公募　アサヒカメラ賞受賞）。日本自然科学写真協会会員。東京大学非常勤講師（昆虫系統分類学）。共著に『アルゼンチンアリ：史上最強の侵略的外来種』（東京大学出版会）、『アリの社会：小さな虫の大きな知恵』（東海大学出版部）などがある。本書が初の単著となる。

文春新書

1466

世界《せかい》を支配《しはい》するアリの生存《せいぞん》戦略《せんりやく》

2024年8月20日　第1刷発行

著　者　砂　村　栄　力
発行者　大　松　芳　男
発行所　株式会社　文　藝　春　秋

〒102-8008　東京都千代田区紀尾井町3-23
電話（03）3265-1211（代表）

印刷所　大日本印刷
付物印刷　大日本印刷
製本所　大口製本

定価はカバーに表示してあります。
万一、落丁・乱丁の場合は小社製作部宛お送り下さい。
送料小社負担でお取替え致します。

ISBN978-4-16-661466-0

◆考えるヒント

民主主義とは何なのか　長谷川三千子
寝ながら学べる構造主義　内田　樹
私家版・ユダヤ文化論　内田　樹
勝つための論文の書き方　鹿島　茂
成功術　時間の戦略　鎌田浩毅
世界がわかる理系の名著　鎌田浩毅
ぼくらの頭脳の鍛え方　立花　隆・佐藤　優
知的ヒントの見つけ方　立花　隆
立花隆の最終講義　立花　隆
日本人へ　リーダー篇　塩野七生
日本人へ　国家と歴史篇　塩野七生
日本人へ　危機からの脱出篇　塩野七生
逆襲される文明　日本人へIV　塩野七生
誰が国家を殺すのか　日本人へV　塩野七生
完全版　ローマ人への質問　塩野七生
イエスの言葉　ケセン語訳　山浦玄嗣

聞く力　阿川佐和子
叱られる力　阿川佐和子
看る力　阿川佐和子・大塚宣夫
話す力　阿川佐和子
臆病者のための裁判入門　橘　玲
女と男　なぜわかりあえないのか　橘　玲
テクノ・リバタリアン　橘　玲
「強さ」とは何か。　鈴木義孝構成・宗　由貴監修
何のために働くのか　寺島実郎
女たちのサバイバル作戦　上野千鶴子
在宅ひとり死のススメ　上野千鶴子
サバイバル宗教論　佐藤　優
サバイバル組織術　佐藤　優
無名の人生　渡辺京二
生きる哲学　若松英輔
危機の神学　若松英輔・山本芳久
脳・戦争・ナショナリズム　中野剛志・中野信子・適菜　収
歎異抄　救いのことば　釈　徹宗

プロトコールとは何か　寺西千代子
それでもこの世は悪くなかった　佐藤愛子
知らなきゃよかった　池上　彰・佐藤　優
知的再武装　60のヒント　池上　彰・佐藤　優
無敵の読解力　池上　彰・佐藤　優
死ねない時代の哲学　村上陽一郎
コロナ後の世界　ジャレド・ダイアモンド　ポール・クルーグマン　リンダ・グラットン　マックス・テグマーク　スティーブン・ピンカー　スコット・ギャロウェイ　大野和基編
コロナ後の未来　ユヴァル・ノア・ハラリ　カタリン・カリコ　ポール・ナース　リンダ・グラットン　リチャード・フロリダ　スコット・ギャロウェイ　イアン・ブレマー　大野和基編
スタンフォード式　お金と人材が集まる仕事術　西野精治
なんで家族を続けるの？　内田也哉子・中野信子
教養脳　福田和也
コロナ後を生きる逆転戦略　河合雅司
超空気支配社会　辻田真佐憲
明日あるまじく候　細川護熙
百歳以前　徳岡孝夫・土井荘平
老人支配国家　日本の危機　エマニュエル・トッド
迷わない。完全版　櫻井よしこ
いまさら聞けない　キリスト教のおバカ質問　橋爪大三郎

ちょっと方向を変えてみる　辻 仁成
フェミニズムってなんですか？　清水晶子
小さな家の思想　長尾重武
日本人の真価　藤原正彦
日本の伸びしろ　出口治明
ソーシャルジャスティス　内田 舞
70歳からの人生相談　毒蝮三太夫
柄谷行人『力と交換様式』を読む　柄谷行人ほか
初めて語られた科学と生命と言語の秘密　松岡正剛 津田一郎
福田恆存の言葉　福田恆存
疑う力　真山 仁
定年後に読む不滅の名著200選　文藝春秋編
運　安田隆夫

◆サイエンスとテクノロジー

世界がわかる理系の名著　鎌田浩毅
「大発見」の思考法　山中伸弥 益川敏英
ねこの秘密　山根明弘
ティラノサウルスはすごい　土屋 健 小林快次監修
アンドロイドは人間になれるか　石黒 浩
マインド・コントロール　岡田尊司
サイコパス　中野信子
首都水没　土屋信行
水害列島　土屋信行
植物はなぜ薬を作るのか　斉藤和季
超能力微生物　小泉武夫
フレディ・マーキュリーの恋　竹内久美子
猫脳がわかる！　今泉忠明
ウイルスVS人類　瀬名秀明・押谷 仁 五箇公一・岡部信彦・河岡義裕 大曲貴夫・NHK取材班
がん治療革命 ウイルスでがんを治す　藤堂具紀
ゲノムに聞け　中村祐輔

妊娠の新しい教科書　堤 治
AI新世 人工知能と人類の行方　小林亮太 篠本 滋 甘利俊一監修
お天気ハンター、異常気象を追う　森さやか
スパコン富岳の挑戦　松岡 聡
分子をはかる　藤井敏博
メタバースと経済の未来　井上智洋
半導体有事　湯之上隆
チャットGPT vs.人類　平 和博
日本百名虫 フォトジェニックな虫たち　坂爪真吾
日本百名虫 ドラマティックな虫たち　坂爪真吾
テクノ・リバタリアン　橘 玲
脳は眠りで大進化する　上田泰己

（2024. 06）F
品切の節はご容赦下さい

文春新書

◆こころと健康・医療

愛と癒しのコミュニオン　鈴木秀子
心の対話者　鈴木秀子
人と接するのがつらい　根本橘夫
依存症　信田さよ子
がん放置療法のすすめ　近藤　誠
健康診断は受けてはいけない　近藤　誠
糖尿病で死ぬ人、生きる人　牧田善二
糖質中毒　牧田善二
認知症にならない　100まで生きる食事術　牧田善二
サイコパス　中野信子
不倫　中野信子
発達障害　岩波　明
天才と発達障害　岩波　明
看る力　阿川佐和子　大塚宣夫
中高年に効く！　メンタル防衛術　夏目　誠
健康長寿は靴で決まる　かじやますみこ

ヒトは120歳まで生きられるのか　田原総一朗
40歳からの健康年表　荒井秀典編
脳寿命を延ばす　認知症にならない18の方法　新井平伊
あなたもきっと依存症　原田隆之
長生きしたい人は歯周病を治しなさい　天野敦雄
がん治療革命　ウイルスでがんを治す　藤堂具紀
妊娠の新しい教科書　堤　治
毒親介護　石川結貴
80代現役医師夫婦の賢食術　家森幸男
老けない最強食　笹井恵里子
老化は治療できるか　河合香織
実録ルポ　介護の裏　甚野博則
がん「エセ医療」の罠　岩澤倫彦

◆社会と暮らし

はじめての部落問題　角岡伸彦
潜入ルポ　ヤクザの修羅場　鈴木智彦
臆病者のための裁判入門　橘　玲
女と男
なぜわかりあえないのか　橘　玲
テクノ・リバタリアン　橘　玲
食の戦争　鈴木宣弘
首都水没　土屋信行
水害列島　土屋信行
児童相談所が子供を殺す　山脇由貴子
夫のLINEは
なぜ不愉快なのか　山脇由貴子
子供の貧困が
日本を滅ぼす　日本財団 子どもの貧困対策チーム
医学部　鳥集　徹
高齢ドライバー　所 正文・小長谷陽子・伊藤安海
感動の温泉宿100　石井宏子
日本プラモデル六〇年史　小林　昇
昭和の東京12の貌　文藝春秋編
平成の東京12の貌　文藝春秋編
統一教会 何が問題なのか　文藝春秋編
平成の通信簿　吉野太喜
1979年の奇跡　南　信長
日本の海が盗まれる　山田吉彦
内閣調査室秘録　岸 俊光編　志垣民郎
毒親介護　石川結貴
スマホ危機 親子の克服術　石川結貴
総会屋とバブル　尾島正洋
最強の相続　荻原博子
マイナ保険証の罠　荻原博子
県警VS暴力団　藪　正孝
女性を美しく見せる
「錯覚」の魔法　テート小畠利子
死刑賛成弁護士　犯罪被害者支援弁護士フォーラム
パンデミックの文明論　ヤマザキマリ・中野信子
半グレと芸能人　大島佑介
47都道府県の底力がわかる事典　葉上太郎
なんで家族を続けるの？　内田也哉子・中野信子
コロナ後を生きる逆転戦略　河合雅司
超空気支配社会　辻田真佐憲
実録　脱税の手口　田中周紀
老人支配国家
日本の危機　エマニュエル・トッド
男性中心企業の終焉　浜田敬子
負動産地獄　牧野知弘
AI新世
人工知能と人類の行方　小林亮太・篠本 滋・甘利俊一監修
お天気ハンター、
異常気象を追う　森さやか
トカイナカに生きる　神山典士
ルポ 食が壊れる　堤　未果
メタバースと経済の未来　井上智洋
ソーシャルジャスティス　内田　舞
ペットロス　伊藤秀倫
チャットGPT vs.人類　平　和博
なぜ日本は原発を
止められないのか？　青木美希
池田大作と創価学会　小川寛大
特殊詐欺と連続強盗　久田将義

(2024. 06) G　品切の節はご容赦下さい